基地維持政策と財政

川瀬光義

日本経済評論社

はしがき

　NHK が 1999 年に放送した「映像の 20 世紀」の沖縄編は，1995 年 10 月 21 日に 8 万 5 千人が集まった「日米地位協定の見直しを要求する県民総決起大会」で締めくくっている．周知のごとく，この大会を開くきっかけは，前月に発生した在沖米海兵隊員による少女への犯罪行為にあった．以下は，その集会での女子高校生の発言の一部である．

　このままの状態でいいのでしょうか？　どうしてこれまでの事件が本土に無視されてきたのかが，私にはわかりません．私は今決して諦めてはいけないと思います．私たちがここで諦めてしまうことは，次の悲しい出来事を生み出すことになるのですから．いつまでも米兵に怯え，事故に怯え，危険にさらされながら生活を続けていくことは私はいやです．私たちに静かな沖縄を返して下さい．軍隊のない，悲劇のない平和な島を返して下さい．

　それから 17 年後の 2012 年 9 月 9 日に 10 万 3 千人が集まった「オスプレイ配備反対沖縄県民大会」において沖縄国際大学の女子学生は以下のような発言をしている（一部省略）．

　沖縄国際大学のすぐ後ろには世界一危険な普天間飛行場が広がっている．2004 年 8 月 13 日，大学にヘリコプターが墜落し，炎上した．当時中学 1 年生だったが，ニュースでみた事故の惨状はまるで別世界の出来事だった．
　事故が起こった後も大学を取り巻く基地の現状はいまだ変わらない．

授業を中断させる騒音を聞くと,「墜落するのでは」と不安を抱く.私たちは静かなキャンパスで勉強したい.危険なMV21オスプレイが配備されようとしている.どうして配備するのか,どうして政府は断れないのか.墜落したら誰が責任を取るのか.政府は安全性を強調するばかりで,沖縄の人々の声は無視され続けている.配備は沖縄差別ではないか.

　返還された土地を平和的に活用し,県民のために役立てるべきだ.みんなが力を合わせれば,危険な基地を平和の街に変えられる.私たちの未来は自らの手でつくっていかなければならない.幼い子どもたちが危険な思いをしながら生活する未来など考えたくもない.沖縄の青い空は米国や日本政府のものではなく,県民のものだ.これ以上,このきれいな空に軍用機を飛ばすのを許さない.沖縄の未来を切り開くため,私は若者の立場から実現の日まで頑張ると決意する.

　この大学生の発言は,17年前の女子高校生の願いは何ら実現していないことを示している.沖縄を無視する日本政府の姿勢は変わらず,「悲しい出来事」は絶えず,「米兵の犯罪に怯え,事故に怯え,危険にさらされながら生活を続けていくこと」の終わりは一向に見えないでいる.

　1972年の復帰当時,沖縄の基地過重負担は解消しなければならないというのが,党派を問わずどの政治勢力も一致してめざすべき方向であった.例えば,沖縄返還協定などを審議するために開かれた国会において,衆議院は1971年11月24日に「非核兵器ならびに沖縄米軍基地縮小に関する決議」をし,それには「政府は沖縄米軍基地についてすみやかな将来の整理縮小の措置をとるべき」と謳われている.第2章の図2-1で示されているように,サンフランシスコ講和条約発効により「独立」を回復した日本では,ほどなく劇的に米軍基地が減少した.この国会決議に誠実に向き合うならば,1972年以降の沖縄の米軍基地も,50年代の日本と同じく劇的な減り方を示さなければならなかったはずである.

1995年10月の県民総決起大会で示された，復帰後20年以上経過しても何ら変わらない実情に対する沖縄の人々の怒りに直面した日米両政府は，翌96年に世界一危険な普天間飛行場などの撤去に同意した．しかしその大半は沖縄県内に基地を新設するというのが条件であった（表2-1参照）．これは要するに，米軍の規模や機能は維持する，撤去する基地を日本では引き受けない，したがって沖縄に基地を集中させる差別政策を今後も続けることを意味する．

　2013年4月5日に日米政府が合意した返還・統合計画もこの枠組みを堅持している．それによると，嘉手納飛行場より南の普天間飛行場を含む6施設・区域の返還・統合が予定されているが，大半が県内に新施設を建設することが条件で，返還時期は最も早くても2022年度なのである．しかも，予定通り進まないことを見越して，いずれの施設の返還時期にも「又はその後」という文言が付け加えられている．普天間飛行場は，1996年の合意によると5～7年後に返還するはずであった．ところが，未だに返還時期すら決まらず，今後も少なくとも10年間は使い続けるというのである．加えてオスプレイ配備を強行するなど，普天間飛行場の危険性をいっそう高めようとしている．そしてこの合意がすべて実現しても，在日米軍専用施設の沖縄への集中度は，73.8％から73.1％への減少にとどまるのにすぎないのである．

　ともあれ，1996年以降すすめられてきた市街地にある一部の基地を沖縄県内の人口の少ないところに移すという政策は，基地新設の「同意」を迫られるという新たな困難を沖縄の人々に強いることとなった．基地の撤去どころか，新基地を建設しようというのであるから，日本政府の差別政策はいっそう悪質になったというべきであろう．

　この悪質化に応じて，基地負担の差別性を覆い隠すための財政政策も重大な質的変化を遂げた．それまでの基地を維持するための財政政策は，一種の迷惑料的な性格が濃厚であった．それは，沖縄の人々が同意して基地が存在しているのではないという事実を踏まえて，多少は'後ろめたさ'を感じさせ

るものであった．他方，96年から次々と打ち出された諸施策は，沖縄に新しい基地を建設することに「同意」を求めるためのもので，'後ろめたさ'は次第に後退し，ついには2007年に始まる米軍再編交付金のような，後ろめたさを微塵も感じさせない施策に結実することになった．その過程において，基地維持のための財政政策はどのような構造変化を遂げたのか？ 本書の目的は，この20年近くにわたりすすめられてきた，基地負担をめぐる沖縄差別を維持・継続するための財政政策を跡づけることによって，この課題に応えることにある．

国の基本政策として日米安全保障条約を是認している以上，条約上の義務である基地負担をどのように分かち合うのかは，本来なら全国的な課題として検討されるべきであろう．ところが日本政府は，立地の対象とされた自治体が受け入れるかどうかに問題を矮小化し，しかも民主主義社会にふさわしく議論を通じて同意を得る努力を怠ってきた．そして，当該地域が条件不利地域にあるという'弱み'につけ込んでお金の力で「合意」を獲得しようとするのが，常套手段であった．普天間飛行場を撤去する条件としての新たな基地建設を受入れるかどうかについて，名護市民は1997年末の住民投票でNOの意志を示したものの，その後の沖縄県知事選挙や名護市長選挙では，条件付ながらも大枠では基地新設受入に賛成の候補者が当選するなど，沖縄の民意は揺れ続け，日本政府の政策が功を奏しているようにみえた．

しかし2009年の総選挙において民主党は，当時の鳩山由紀夫代表が「最低でも県外」と公約して勝利し，沖縄県内の選挙区では，現憲法のもとで国政参加を果たした1970年以降自民党が初めて衆議院の全議席を失ってから，新基地建設を拒否する民意は明確になった．「最低でも県外」というすばらしい公約をどう実現するかをめぐって民主党政権は迷走し，鳩山首相は就任後1年も経ずに辞任を余儀なくされた．その過程で，普天間飛行場をはじめ米軍基地を日本のどこも引き受けるところがないという日本の「民意」が明確になった．つまり「日米安保が大事なら，その負担は等しく分かち合うべきではないか」という沖縄からたびたび発せられる疑問に，日本政府も日本

の「民意」も答える術がないということなのである．こうして沖縄の民意だけを無視して，基地を押しつけつづける政策の差別性が誰の目にも明らかになったのである．

　折しも，2011年3月11日に発生した原発震災により，原発を電気の大消費地から遠くに立地させる政策の差別性も大方の人々の共通認識になった．私は，沖縄研究に取り組んだ当初から，清水修二福島大学教授の業績に学びながら，原発立地をすすめる施策との比較を心がけてきた．実は，基地も原発も，それを条件不利地域に押し込めておくための財政政策は，驚くほど似通っている．実際，本書で詳しく紹介する「防衛施設周辺の生活環境の整備等に関する法律」と電源三法は，1974年の国会で同時並行で審議・成立し，それらに新たに盛り込まれた施策にも共通するところが多いのである．そこで本書では，電源三法交付金の74年以後の変遷とも比較しながら，基地を維持するための新たな施策の特徴を析出することにも尽力した．

　本書の上梓に際し，まず，学生時代から公私ともに熱心な御指導をいただいている池上惇先生に心から感謝を申し上げたい．本書執筆に際し軍事費に関する先行研究を渉猟しているうちに，故島恭彦先生とともに池上先生の御業績にも多くを学ばせていただいた．とくに，本書でも引用している沖縄返還協定の財政条項に関する「もっとも大切な立入捜査，監督などの行政権を放棄したままで資金だけ負担」「米軍基地の再編成の内容について知ることすらできないという条件のもとでのもっとも屈辱的な「肩代わり」の形式」という指摘は，本書をまとめる上での導きの糸となった．

　私の沖縄研究は，1996年に宮本憲一先生が呼びかけて組織された「沖縄持続的発展研究会」の一員に加えていただいたことに始まる．復帰前から沖縄研究に取り組んで来られた宮本先生をはじめとする多くの諸先生方と，何度も沖縄を訪問し共同で研究活動に取組むことができなければ，本書は誕生しなかったであろう．私の学生時代に刊行された宮本先生の編集による『開発と自治の展望・沖縄』（筑摩書房，1979年）は，沖縄研究を志す者の必読文

献である．同書に比べて本書が加えた知見はわずかであるが，宮本先生をはじめとする研究会の諸先生方から，これまで受けてきた学恩へのささやかなお礼とさせていただきたい．

また，現地調査に際して多大な協力をいただいた，沖縄在住の知人・友人，及び沖縄県内の自治体関係者の方々，そしていつも貴重な情報をいただいている『沖縄タイムス』『琉球新報』の記者の皆さんにも，この場を借りて篤くお礼申し上げたい．

沖縄と財政に関する著書を何としても書き上げたいと決意した直接のきっかけは，来間泰男沖縄国際大学名誉教授から「基地と経済」という講義要綱をいただいたことにある．政府の沖縄政策のみならず，沖縄の実情についても研究者として率直な発言をされる先生からは，私どもの研究成果に対しても歯に衣着せぬ意見をたびたびいただいた．本書が先生の御批判に耐える内容であるか，はなはだ心許ない次第であるが，これまで受けてきた御指導に改めてお礼を申し上げたい．

また，来間先生の勤務先であった沖縄国際大学での集中講義，京都大学経済学部での「財政政策論」，そして私の勤務先である京都府立大学で担当している「地域経済論」などにおいて沖縄の地域経済・財政について講義する機会を与えていただいたことが，本書をまとめる上で大いに役に立っている．私の拙い講義に付き合ってくれた受講生の皆さん，さらに草稿に目を通し貴重な意見を寄せてくれた京都大学大学院生瀬野陸見君にも感謝する．

その他，日本財政学会，日本地方財政学会，日本地方自治学会，自治体問題研究所，日本環境会議，韓国地方財政学会などでの討論から多くの刺激を受けたことを記して，謝意を表したい．また，私事にわたって恐縮であるが，私たち夫婦の共働き研究活動を何かと支えてくれている母と義母，そして川瀬憲子と2人のこどもたちにも感謝したい．

なお，本書は，下記の日本学術振興会科学研究費補助金の成果である．
・2001・02年度基盤研究（C）「沖縄における基地・補助金依存型財政か

ら環境保全型財政への転換をめざす研究」(課題番号 13630112)
・2004・05 年度基盤研究(C)「基地所在自治体活性化事業の経済効果に関する研究」(課題番号 16530212)
・2008-10 年度基盤研究(C)「基地維持財政政策の変貌が地域経済に及ぼす影響に関する調査研究」(課題番号 20530278)
・2011-13 年度基盤研究(C)「持続性ある地域経済をめざす基地跡地利用財政政策の日韓比較研究」(課題番号 23530375)

　さらに,出版に際しては 2013 年度日本学術振興会科学研究費補助金・研究成果公開促進費(課題番号 255145)の交付を受けた.
　最後に,学術書をめぐる厳しい出版事情にもかかわらず本書の出版をお引き受けいただいた日本経済評論社,とくに清達二氏に心よりお礼申し上げる次第である.

　2013 年盛夏
　1959 年 6 月 30 日に米軍のジェット戦闘機が宮森小学校に墜落し多くの子どもたちが犠牲になった事件,および 2004 年 8 月 13 日に米軍大型ヘリが沖縄国際大学に墜落した事件を題材とした映画「ひまわり」を鑑賞し,米軍政下と変わらない現状に改めて怒りを覚えた日に

川 瀬 光 義

付図1 沖縄県市町村地図

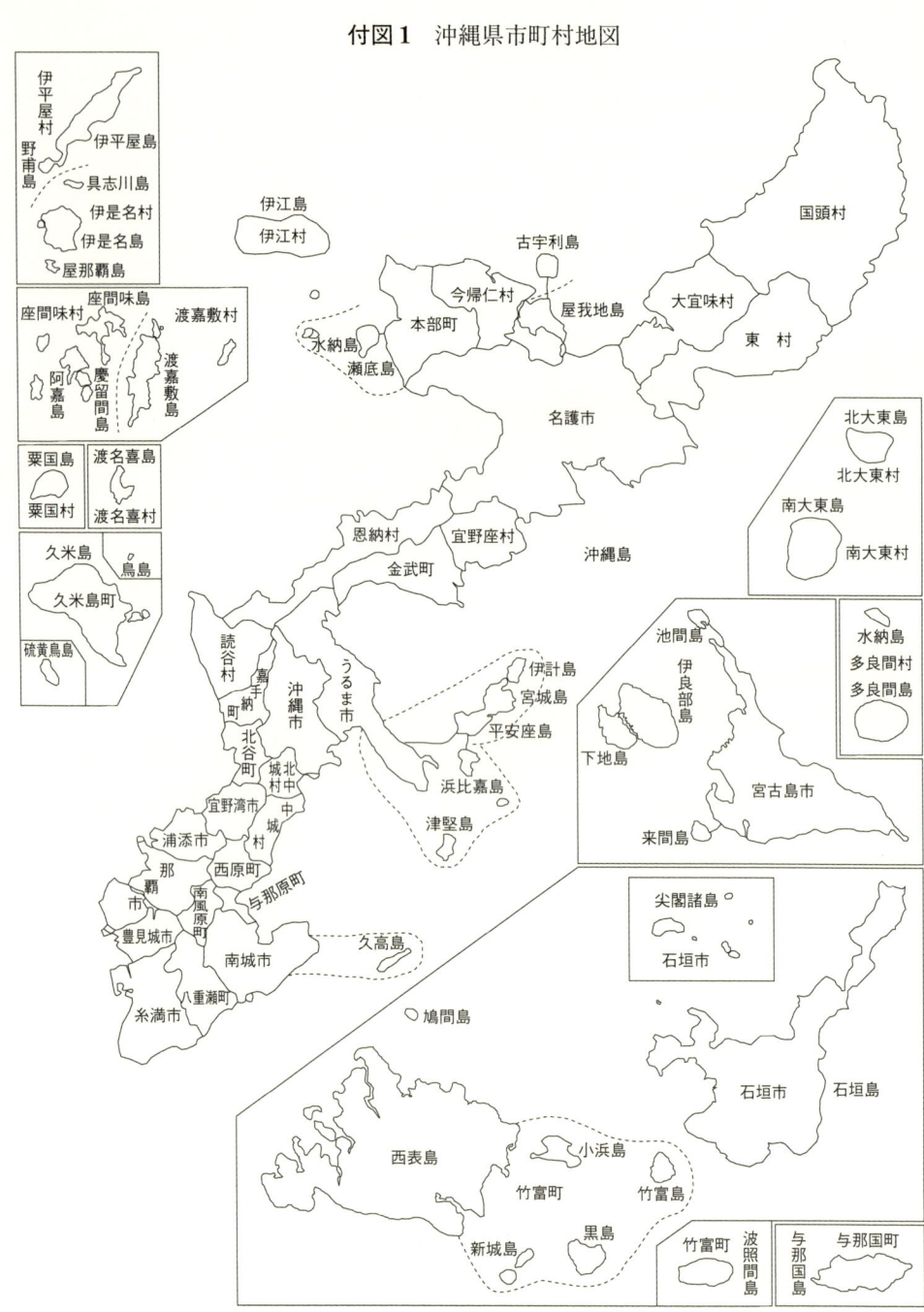

出所）沖縄県企画部市町村課『沖縄県市町村概要』より．

付図2 沖縄の米軍基地

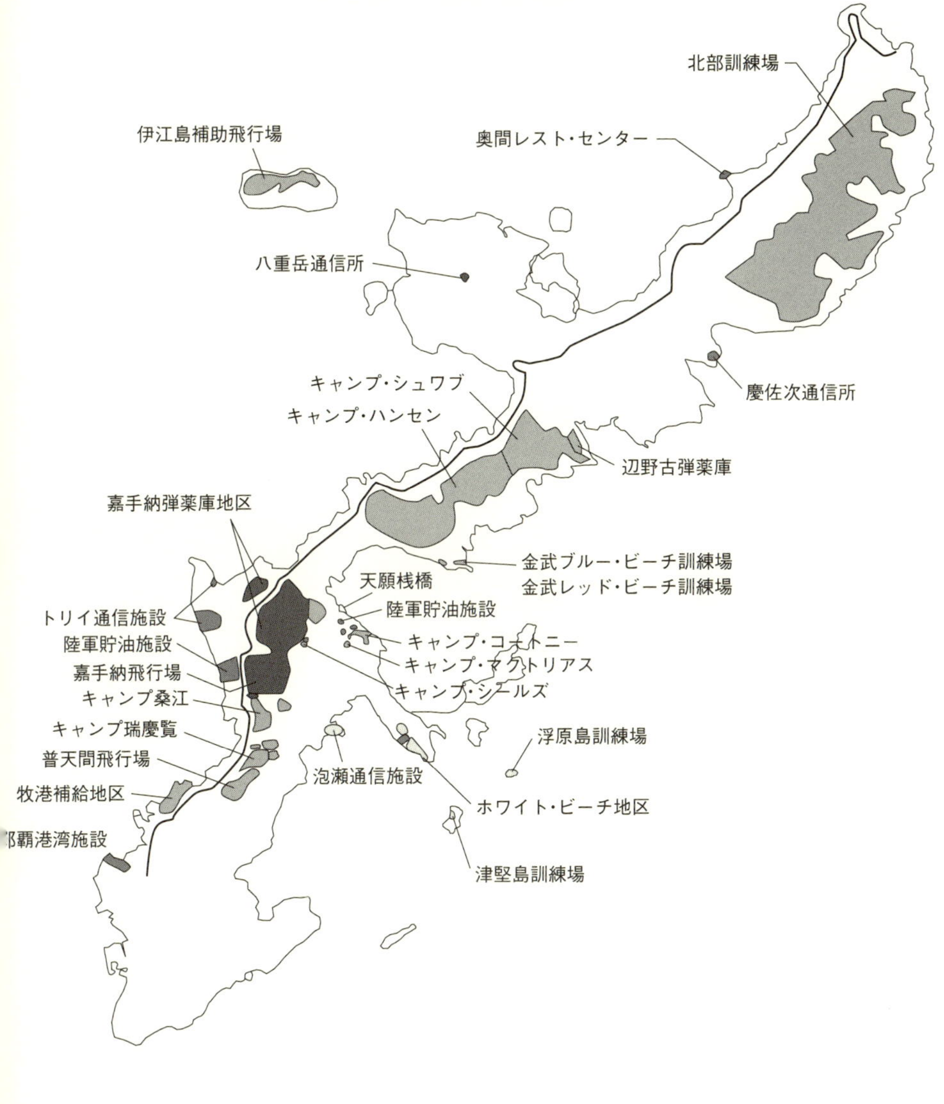

- 北部訓練場
- 奥間レスト・センター
- 伊江島補助飛行場
- 八重岳通信所
- 慶佐次通信所
- キャンプ・シュワブ
- キャンプ・ハンセン
- 辺野古弾薬庫
- 嘉手納弾薬庫地区
- 金武ブルー・ビーチ訓練場
- 金武レッド・ビーチ訓練場
- 天願桟橋
- 陸軍貯油施設
- トリイ通信施設
- 陸軍貯油施設
- キャンプ・コートニー
- キャンプ・マクトリアス
- 嘉手納飛行場
- キャンプ桑江
- キャンプ・シールズ
- キャンプ瑞慶覧
- 普天間飛行場
- 浮原島訓練場
- 牧港補給地区
- 泡瀬通信施設
- 那覇港湾施設
- ホワイト・ビーチ地区
- 津堅島訓練場

出所) 沖縄県知事公室地域安全政策課 HP より．

目次

はしがき

序章　本書の課題 …………………………………………………… 1

  1.　分析の対象　　　　　　　　　　　　　　　　1
  2.　軍事費膨張をめぐる研究動向　　　　　　　　9
  3.　本書の構成　　　　　　　　　　　　　　　11

第1章　在日米軍基地と財政 ……………………………………… 17

  はじめに　　　　　　　　　　　　　　　　　　17
  1.　在日米軍基地の特異性　　　　　　　　　　　19
  2.　米軍基地維持のための財政負担原則：日米地位協定
     第24条　　　　　　　　　　　　　　　　　　24
  3.　地位協定を逸脱した財政支出　　　　　　　　29
    （1）思いやり予算　29
    （2）広義の思いやり予算　36
  おわりに　　　　　　　　　　　　　　　　　　41

第2章　沖縄の基地と地域経済 …………………………………… 47

  はじめに　　　　　　　　　　　　　　　　　　47
  1.　沖縄と基地　　　　　　　　　　　　　　　　48
    （1）軍用地確保政策　48
    （2）沖縄の基地の特異性　51
  2.　基地が沖縄経済に及ぼす影響　　　　　　　　57

3.　地域経済の発展を阻害する基地　　　　　　　　　　63
　　おわりに　　　　　　　　　　　　　　　　　　　　　　69

第3章　基地と自治体財政 ……………………………………………… 73

　　はじめに　　　　　　　　　　　　　　　　　　　　　73
　　1.　伝統的な基地維持財政政策　　　　　　　　　　　74
　　2.　原子力発電所立地自治体との比較　　　　　　　　82
　　3.　軍用地料と地域社会：分収金について　　　　　　87
　　おわりに　　　　　　　　　　　　　　　　　　　　　89

第4章　基地維持財政政策の展開 ……………………………………… 95

　　はじめに　　　　　　　　　　　　　　　　　　　　　95
　　1.　基地維持政策の変遷　　　　　　　　　　　　　　96
　　　(1)　SACO合意　96
　　　(2)　米軍再編　99
　　2.　新たな基地維持財政政策　　　　　　　　　　　101
　　3.　電源三法交付金の変質　　　　　　　　　　　　107
　　4.　米軍再編交付金の特異性　　　　　　　　　　　111
　　おわりに　　　　　　　　　　　　　　　　　　　　118

第5章　嘉手納町にみる基地維持財政政策の実態 ……………………… 123

　　はじめに　　　　　　　　　　　　　　　　　　　　123
　　1.　嘉手納町の地域経済と基地被害　　　　　　　　123
　　2.　嘉手納町の財政　　　　　　　　　　　　　　　128
　　おわりに　　　　　　　　　　　　　　　　　　　　133

第6章　名護市にみる基地維持財政政策の実態 ………………………… 137

　　はじめに　　　　　　　　　　　　　　　　　　　　137

1. 名護市の地域特性 137
2. 補助事業によって膨張する名護市財政 142
3. 膨張した財政資金の地域配分 144
4. 米軍再編交付金の不交付 149
おわりに 153

第7章　沖縄振興（開発）政策の展開と帰結 157

はじめに 157
1. 沖縄振興（開発）政策の特質 158
   (1) 復帰当時の沖縄経済　158
   (2) 沖縄振興開発政策の構造　160
2. 「振興」政策の帰結 167
   (1) 経済政策として　167
   (2) 自治体財政政策として　170
3. 沖縄振興一括交付金をどうみるか 175
おわりに 183

第8章　沖縄市にみる振興政策の実態
　　　　―中城湾港泡瀬沖合埋立事業を中心に― 187

はじめに 187
1. 沖縄市の地域経済と財政 189
2. 中城湾港泡瀬沖合埋立事業の構造 194
3. 裁判で何が問われたか 198
   (1) 地裁判決について　198
   (2) 控訴審で提起された論点について　201
   (3) 控訴審判決と新計画　204
おわりに 206

終章　ルールなき財政支出の帰結…………………………………… 211

参考文献　　218
初出一覧　　224
索引　　225

図表一覧

付図1　沖縄県市町村地図
付図2　沖縄の米軍基地

表0-1　基地維持財政支出の推移
表0-2　沖縄における「特別措置」等の沿革

表1-1　在日米軍施設・区域件数・土地面積の推移
表1-2　アメリカ国外の米軍基地
表1-3　駐韓米軍供与面積の調整
表1-4　普通財産（土地）の現況
表1-5　在日米軍駐留経費負担の概要
表1-6　米軍再編関係経費の推移
表1-7　グアム移転経費の内訳
図1-1　基地政治の4つのモデル
図1-2　SACO関係経費の推移

表2-1　SACO最終報告における土地返還の状況
表2-2　陸地面積に対する米軍及び自衛隊基地面積の割合
表2-3　沖縄県内基地の所有形態別面積
表2-4　地区別所有形態別米軍基地面積
表2-5　市町村別米軍基地面積
表2-6　軍別施設数・面積・軍人数
表2-7　基地関係収入の推移
表2-8　米軍発注契約の内訳（2003年度）
表2-9　那覇新都心地区における経済効果
図2-1　日本と沖縄の米軍基地面積の推移

図表一覧

表3-1　民生安定施設の範囲及び補助率
表3-2　主な自治体の基地関係収入（2011年度）
表3-3　宜野座村・御前崎市の主な歳入（2011年度）
表3-4　名護市における軍用地料貸地面積及び分収金
図3-1　「防衛施設周辺の生活環境の整備等に関する法律」にもとづく施策

表4-1　電源三法交付金制度の変遷
図4-1　沖縄振興開発事業費と基地関係収入
図4-2　電源三法交付金の交付例（出力135万kw）
図4-3　米軍再編交付金の算定方法
図4-4　沖縄における主な基地関係収入の推移
図4-5　沖縄における環境整備法関係収入の内訳の推移

表5-1　騒音が人体に与える影響
表5-2　嘉手納町屋良地域の航空機騒音発生回数の推移
表5-3　嘉手納町における主な歳入と基地関係収入の推移
表5-4　嘉手納町における主な性質別歳出の推移
図5-1　嘉手納町における国庫支出金普通建設事業費支出金と特定防衛施設周辺整備交付金

表6-1　名護市旧町村別人口の推移
表6-2　市町村別純生産の推移
表6-3　再編交付金の不交付決定に伴う対応状況
図6-1　名護市の行政区域
図6-2　名護市における主な基地関係収入の推移
図6-3　名護市における主な性質別歳出の推移
図6-4　二見以北10区の歳入構造

表7-1　産業別県（国）内総生産（名目）の構成比
表7-2　沖縄振興開発特別措置法と沖縄振興特別措置法の章構成
表7-3　沖縄振興（開発）計画の人口・経済見通し
表7-4　高率補助の状況（沖縄県・市町村合計）
表7-5　公有水面埋立竣工面積の推移

表 7-6　沖縄に関する特別な財政施策の沿革
図 7-1　産業別就業者数の構成比
図 7-2　沖縄県の建設業・製造業就業者数の推移
図 7-3　普通建設事業費（補助）の構成比の推移

表 8-1　新計画の事業収支
図 8-1　沖縄市における主な性質別歳出の推移
図 8-2　沖縄市における公営事業等への繰出の推移
図 8-3　沖縄市における経常収支比率の推移
図 8-4　中城湾港泡瀬沖合埋立事業の財政構造
図 8-5　中城湾港泡瀬地区周辺の干潟域と埋立予定地

序章
本書の課題

1. 分析の対象

　「防衛関係費」と言われる日本の軍事予算は，一般会計歳出の5～6％台をしめ，2013年度当初予算総額は4兆6804億円となっている．そのうち，自衛隊員の給与や食事のための「人件・糧食費」が1兆9896億円と半分近くをしめ，残りは装備品の修理・整備，油の購入，隊員の教育訓練，装備品の調達などのための「物件費」である．さらに物件費は，過去の年度の契約に基づいて支払われる「歳出化経費」と，当該年度の契約に基づき支払われる「一般物件費」とに区分される．2013年度予算の一般物件費1兆296億円の半分近い4381億円を占めるのが「基地対策等の推進」である．軍事予算の約1割，一般会計歳出の0.5％ほどをしめるこの経費が本書の第1の分析対象となる．

　歳出に占める比重はわずか0.5％であっても，日米安全保障条約の遵守を国政の最重要課題としてきた歴代日本政府にとって，この経費が有する意味は大きい．というのは，安保条約に基づく日本側の義務である米軍が使用する基地の提供を円滑にすすめるために不可欠の経費だからである．

　この経費は，大きく3つに区分される．第1は，基地周辺の住宅などへの防音工事，基地所在自治体及び基地周辺自治体の公共施設整備費などに充てられる「基地周辺対策経費」である．第2は，いわゆる「思いやり予算」といわれる「在日米軍駐留経費負担」である．そして第3は，基地に土地を提

表 0-1 基地維持

	2000	01	02	03	04
(1) 基地周辺対策経費	146,200	148,000	144,200	141,300	139,400
周辺環境整備	85,600	89,700	90,700	91,500	92,600
住宅防音	60,600	58,300	53,500	49,800	46,800
(2) 在日米軍駐留経費負担	275,600	257,200	250,000	246,000	244,100
労務費	121,200	120,100	119,200	115,400	113,400
光熱水料等	29,800	26,400	26,300	25,900	25,800
訓練移転費	400	400	400	400	400
提供施設の整備	96,100	81,900	75,300	75,000	74,900
基地従業員対策等	28,100	28,400	28,800	29,300	29,600
(3) 施設の借料，補償経費等	132,000	128,800	126,100	129,100	127,200
小計（基地対策等の推進）	553,800	534,000	520,300	516,400	510,700
(4) SACO 関係経費	14,000	16,500	16,500	26,500	26,600
(5) 米軍再編経費					
防衛省所管計(1)～(5)	567,800	550,500	536,800	542,900	537,300
基地交付金	29,150	30,150	30,150	30,150	31,150
基地補正	15,000	15,000	15,000	15,000	15,000
沖縄米軍基地所在市町村活性化特別事業	8,655	8,053	11,868	8,317	8,073
北部振興事業	5,293	6,642	6,901	7,192	6,867
総計	625,898	610,345	600,719	603,559	598,390

注) 北部振興事業は採択実績額（12・13年度は予算額）．他は予算額．
出所) 防衛省所管分は防衛省HP，基地交付金は『補助金総覧』各年，沖縄米軍基地所在市町村活性化

供させられている個人や団体に支払う借上げ料や漁船の操業制限・禁止に伴う損失の補償などに充てられる「施設の借料・補償経費等」である．第1と第3の経費は，基地周辺の関係者に及ぼす不利益を補塡し，基地の立地について住民や自治体から「同意」を獲得する上でなくてはならない経費である．また第2の経費は，アメリカ合衆国の求めに応じて，1978年から日本側が負担してきた経費である．ケント・E.カルダーが，世界各国の駐留米軍の実情を比較検討した結果，日本の基地維持政策を「補償型政治」(Compensation Politics) と特徴づけているのは，この経費が他国と比べて格段に多いことによる[1]．

これまで基地を維持するための財政支出というと，この「基地対策等の推進」が主な分析の対象であった．ところが，沖縄の普天間飛行場撤去の条件

財政支出の推移
(単位:百万円)

05	06	07	08	09	10	11	12	13
131,900	128,200	117,433	114,071	115,520	117,875	118,500	118,500	120,000
88,900	88,200	83,300	82,910	79,592	80,845	78,700	77,600	77,200
43,000	40,000	34,133	31,161	35,928	37,030	39,800	40,900	42,800
237,800	232,500	217,305	208,324	192,753	188,052	185,800	186,700	186,000
113,800	113,500	115,012	115,760	116,015	114,005	113,100	113,900	114,400
24,900	24,800	25,341	25,333	24,947	24,944	24,900	24,900	24,900
400	400	501	531	572	546	400	400	400
68,900	63,800	45,655	36,205	21,884	20,621	20,600	20,600	20,900
29,800	30,000	30,796	30,495	29,335	27,936	26,800	26,900	25,300
128,800	128,300	128,084	128,728	131,610	130,524	129,300	136,600	132,100
498,500	489,000	462,822	451,123	439,883	436,451	433,600	441,800	438,100
26,300	23,298	12,560	17,986	11,172	16,855	10,071	8,593	8,819
		7,240	19,107	83,866	131,953	122,974	70,673	69,195
524,800	512,298	482,622	488,216	534,921	585,259	566,645	521,066	516,114
31,540	31,540	32,540	32,540	32,540	33,540	33,540	33,540	34,540
15,000	15,000	15,000	15,000	15,000	15,000	15,000	15,000	15,000
7,807	7,570	6,508	1,569	33	121	473	2,607	1,950
7,428	9,841	9,474	9,707	9,523	5,680	6,814	5,000	5,000
586,575	576,249	546,144	547,032	592,017	639,600	622,472	577,213	572,604

特別事業は内閣府沖縄担当部局 HP,北部振興事業は沖縄県企画部企画調整課 HP,より作成.

として沖縄県内への新基地建設などを盛り込んだ「沖縄に関する特別行動委員会」(Specail Action Committee on Okinawa,以下 SACO と略記)報告をうけて,日本政府が名護市辺野古への新基地建設計画の実現に着手し始めた 1996 年以降,この「基地対策等の推進」に加えて,基地に関連する新たな施策が数多く講じられるようになった.表 0-1 は,これら基地を維持するための財政支出の 2000 年度以降の内訳の推移をみたものである.この間の「基地対策等の推進」(表 0-1 の「小計」欄)は,2000 年度 5538 億円から減少傾向が続き,13 年度は 4381 億円と,13 年間で 25% 減少している.同期間に防衛関係費総額は 4 兆 9218 億円から 4 兆 6804 億円と 5% ほどの減少にとどまっていることと比べると,「基地対策等の推進」の減少幅はかなり大きいといえる.しかしながらこれとは別枠で,SACO 報告を実施するための

経費が1996年度から，2006年に日米政府が合意した米軍再編（詳細は第4章を参照）を推進するための経費が07年度から計上されており，それらを加えた防衛省所管分は「基地対策等の推進」が5000億円を下回るようになった05年度以降も，07・08年度を除いて5000億円を超える予算額となり，決して減少しているとはいえないのである．

さらに顕著なのが，防衛省所管外の財政支出の増大である．これまでのそれは，ほとんどが総務省所管の基地交付金だけであったが，この間さまざまな名目での経費が追加されていることがわかる．これらは，地方交付税の基地補正を除くと，いずれも内閣府所管である．これら新たな財政支出の始まりは97年度の基地補正と沖縄米軍基地所在市町村活性化特別事業である．それらは，1995年に発生した在沖米海兵隊員による少女乱暴事件を契機に，復帰後20年以上を経過しても基地の過剰負担が続くことに対する沖縄県民の怒りの爆発に直面し，沖縄に基地を置き続けることに危機感を抱いた日本政府が講じた諸施策である．しかし，辺野古への新基地建設計画の実現に着手し始めてからは，建設予定地自治体である名護市をはじめとする沖縄本島北部地域自治体が求める「地域振興策」が主たる目的となってきたのである．これらを含めると，基地を維持するための財政支出は，この表が示す14年間のうち6年間は6000億円を超えている．

つまり，伝統的な基地を維持するための財政支出というべき「基地対策等の推進」は減少傾向にあるものの，さまざまな名目での諸施策を加えたそれらをみると，量的な膨張傾向はなお続いているのである．本書では，この過程において基地を維持するための財政支出がどのような質的変化を遂げたかを検証し，その意味するところを明らかにすることにしたい．

その際，「地域差別」という視点を据える．それは以下のような経緯を踏まえている．

周知のごとく，第2次世界大戦で沖縄は，日本国内で唯一の地上戦がおこなわれ，本土決戦に備えての「捨て石」とされて，多大な犠牲を強いられた．その上，サンフランシスコ講和条約で日本が「独立」を回復してからも，日

本から切り離されて引き続き米軍政下におかれた．1972年の日本への復帰に際しての沖縄の人々の最大の願いは，過大な米軍基地負担から解放されることであった．しかし，復帰40年がすぎても，日本政府は基地負担をめぐる沖縄差別を解消する政策を有しておらず，それどころか，新たな基地を建設しようとしている．

　この国では長年，本来なら，全国的に検討されるべき課題である，米軍基地や原子力発電所など，いわゆる迷惑施設の立地について，その是非について十分な検討もないまま，立地の対象とされた地元自治体が受け入れるかどうかという地域問題に矮小化することを常としてきた．その際，地元の「同意」を得るための有力な政策が，「振興策」という名目による，中央政府による潤沢な財政支出であった．つまり当該施設の必要性，ひいては公共性について，民主主義社会にふさわしく討論を通じて人々の納得や同意を得るという手続きをないがしろにして，「お金」でごまかす施策が長年おこなわれてきたのである．

　どこの地域であれ，厳しい経済状況をどう改善するかは，基地や原発の受入とは無関係に独自に追求されなければならない課題である．ところが，基地や原発の立地候補地とされたところでは，こうした施設を受け入れることによってしか地域経済振興のための政府支援が得られないかのような状況に追い込まれることとなったのである．例えば，沖縄では，新基地建設受入の是非が政治的課題となった1998年以降におこなわれた知事選挙をはじめとする主な選挙では，「経済」か「基地」かが争点となり，政府資金を獲得しての地域経済振興策に期待して，条件付とはいえ大枠では新基地建設を受け入れることを公約した候補者が相次いで当選した．基地問題も経済問題もいずれも重要な政策課題であり，決して二律背反ではないはずである．にもかかわらず，上述のような政府の施策により，沖縄の人々は不条理な選択を強いられてきたのである．

　しかし，2009年9月に発足した民主党を中心とした政権で首相に就任した鳩山由紀夫が，政権を獲得した総選挙において，普天間飛行場撤去の条件

としての新基地建設について「最低でも県外,できれば国外」と公約し,沖縄の民意もそれを支持した頃から状況が一変した.鳩山首相は新基地の新たな受入先を決めることができないまま迷走し辞任を余儀なくされたが,その過程で,新基地を日本のどこも受け入れないことが明らかになった.にもかかわらず,沖縄の民意だけが無視をされて,新基地が沖縄になおも押しつけられようとしている.さらに2012年10月2日には,海兵隊の垂直離着陸輸送機MV22オスプレイの普天間飛行場への配備を,沖縄県知事・市町村長をはじめ多くの県民が繰り返し反対を表明しているにもかかわらず,日本政府はその民意を一顧だにせず強行した[2].こうした一連の事実は,差別というしかない.

また2011年3月に発生した原発震災によって,原子力発電所とは,その生産物である電気は遠く離れた消費地に送られる一方,立地地域には破滅的なリスクのみを押しつける存在であることが明らかになった.未曾有の災害という大きな代償を払って,今や,米軍基地とともに原子力発電所がこの国の地域差別政策の象徴的存在であることが,多くの人々の共通認識となりつつある[3].

ちなみに,原子力発電所立地自治体への交付金の根拠となっている「電源三法」[4]が制定された1974年の通常国会において,基地所在自治体への各種財政支出のあり方を見直した「防衛施設周辺の生活環境等の整備に関する法律」もほぼ同時並行で審議されて成立している.このとき新設された「特定防衛施設周辺整備交付金」は,本書で分析の対象とする新たな基地を維持するための財政支出の原型というべき仕組を有している.また,この2つの交付金が,第4章で明らかにするように,その後もよく似た構造変化を遂げていることは,単なる偶然ではないと思われる.

差別という側面は,各種立法措置にも明確に表れている.表0-2は,復帰以来沖縄に関して制定された各種立法措置を示したものである.沖縄返還協定の国会審議において,沖縄の意向を無視して強行採決されたことや,基地を確保するために未契約であっても使用可能とした「沖縄における公用地等

表 0-2 沖縄における「特別措置」等の沿革

1609	薩摩侵攻
1879	琉球処分
1945	沖縄戦
1952	サンフランシスコ講和条約，日米安保条約が発効
1971	沖縄における公用地等の暫定使用に関する法律
	未契約でも5年を限度に使用可能
1972	「復帰」
	沖縄の意志を無視し強行採決された返還協定
	軍用地料の大幅引上げ
	沖縄振興開発特別措置法
1977	沖縄県の区域内における位置境界不明地域内の各筆の土地の位置境界の明確化等に関する特別措置法
1978	思いやり予算はじまる
1982	駐留軍用地特別措置法（52年制定）にもとづき未契約地の使用権限を取得
1987	思いやり予算のための日米地位協定特別協定
1991	日米地位協定特別協定（～95年）
1995	少女乱暴事件
1996	日米地位協定特別協定（～00年）
	SACO 最終報告
1997	駐留軍用地特別措置法改正
	収用委員会の裁決がなくても暫定使用が可能に
2000	分権一括法の一環として駐留軍用地特別措置法改正
	国の直接執行事務に
2001	日米地位協定特別協定（～05年）
2002	沖縄振興特別措置法
2006	日米地位協定特別協定（～07年）
2007	米軍再編特別措置法
2008	日米地位協定特別協定（～10年）
2009	グアム移転協定
2011	日米地位協定特別協定（～15年）

出所）　筆者作成．

の暫定使用に関する法律」の制定に始まり，「特別措置」が，次々と講じられてきたことがわかる．「特別措置」とは，通常の法令では対応できないから講じられる施策である．したがってそれらは時限措置であるべきであり，事実これら特別措置のほとんどは時限立法である．ところが，いずれの措置も，期限が来ては延長を繰り返して今日に至っているのである．

　この表のうち日米地位協定特別協定は，思いやり予算に関するものである

から，日本全国すべての基地が対象となるが，それ以外の特別措置はほとんどが事実上沖縄だけを対象としている．要するにこの表は，沖縄の基地を維持するためには，異例の措置を連発するほかなかったことを示している．沖縄だけが対象なのだから，本来ならば憲法第95条「一の地方公共団体にのみに適用される特別法は，法律の定めるところにより，その地方公共団体の住民の投票においてその過半数の同意を得なければ，国会は，これを制定することができない」にもとづいて住民投票の対象となるべきであろう．

こうした状況は，安全保障と地方自治の関係はどうあるべきかを問うているともいえる．自治体独自の地域政策と安保条約にもとづく国の施策とが対立し，初めて全国的に注目された事例として，1980年代に神奈川県逗子市で発生した池子の森への米軍家族住宅建設問題があった[5]．しかしなんと言っても最大の問題は，繰り返しになるが，1972年の復帰以後40年が過ぎ，誰もが沖縄の基地過重負担を認めているにもかかわらず，基地の大幅な整理・縮小を求める沖縄県民の願いはまったく顧みられることなく，この異常な状況を抜本的に改めることが重要な政治的課題の対象となっていないことであろう．それどころか，普天間飛行場という海兵隊の基地ひとつすら撤去することができず，首相が辞任を余儀なくされたのである．

また，この国では，1990年代半ば以降「地方分権」をどうすすめるか，つまり住民の意見を反映しやすい地方自治体の自己決定権をどう拡大するかが，内政上の重要課題の1つとなってきた．しかし，こと基地問題に関しては，2000年の分権一括法の一環として駐留軍用地特別措置法が改正され，基地収用業務が国の直接執行事務となったことに象徴されるように，かえって集権化が進んだのである．こうした集権化は，安全保障は国の専権事項であるという考え方による．しかし，地域社会の将来に決定的な影響をおよぼす広大な面積を有する土地の利用について，それが安全保障にかかかわるという理由で，当該地域の住民と自治体が発言権を有しないという制度が，正当性をもつとは思えない．分権の時代であるなら，なおさらそうであろう．

以上，要するに，日本における基地を維持するための財政支出，とくに

1990年代半ば以降のその展開が意味することについて，地域差別という視点を据えて，原子力発電所の場合とも比較して分析すること，これが本書の課題である．

なお，沖縄への「特別措置」には，基地とは直接関連しない施策もある．それは，復帰時に制定された沖縄振興開発特別措置法など経済政策に係る諸施策である．これは，敗戦後も四半世紀にわたり米軍政下におかれていたために，日本の高度経済成長から取り残され，経済的困難を余儀なくされた沖縄への特別な施策である．この特別措置も10年の時限立法であったが，3度延長されて40年間も継続し，2012年度からさらに10年間延長されることとなった．つまり，沖縄が経済的に「遅れている」という前提にもとづく特別な制度が半世紀も続けられようとしているのである．折しも2012年度予算は，震災からの復旧・復興予算の確保が最優先であるはずなのに，沖縄関連予算が前年度比27.6％もの異例の増額予算となった．復帰後40年が経過してもなおこうした特別措置が継続されるのは，沖縄経済政策が失敗していることを示していると同時に，基地を今後も沖縄に維持しておきたい日本政府の思惑を反映しているのである．そこで本書では，経済的施策にかかわる特別措置も「広義の基地を維持するための財政支出」として分析の対象に加えることとする．

2. 軍事費膨張をめぐる研究動向

前節で述べたように，防衛関係費全体は微減傾向にある中にあって，基地維持のための財政支出は，さまざまな名目で膨張傾向が続いている．こうした軍事支出の膨張傾向をどう把握するかは，財政学の伝統的な課題であった．例えば，A. スミス『国富論』第5編「主権者または国家の収入について」は，経費論から始まり，最初に軍事費を取り上げている．そこでは，軍事費が「文明の発達とともに多額の経費がかかるようになる」[6]傾向があることを述べ，「火薬の発明という偶然がもたらしたとみられる戦争技術の大変革

によって，経費上昇の勢いが大幅に強まってきた」と指摘している．

また，かつての財政学に関する体系的な著書には，軍事費の膨張傾向をどう把握するかを分析した章や節が必ず設けられていた．例えば，1960年に刊行された島恭彦著『現代の国家と財政の理論』[7]においては，第5章「戦後日本の軍隊と軍事費」を設け，軍事費を見る視点として「政府部門の拡張は，政府職員の数，経費，政府資産の3つの尺度ではかられるといったが，軍隊増強の程度も，軍隊の数，軍事費，軍事財産の3つの尺度ではからなければならない」と述べている．なかでも財産に注目して，「防衛庁に匹敵する財産所有者は文部省，国立学校であって55年度末では防衛庁財産をはるかにこえていたが，56年度末では防衛庁財産の方が若干上まわるようになる．55年度から56年度にかけて，軍事財産が一国の文化教育を支える財産を上まわるようになったことは，非常に象徴的」と，戦後10年で日本財政に軍事化の兆候が現れていることに警鐘を鳴らしている．この財産（ストック）に注目するという視点は，基地という膨大な面積を専有する施設の有り様を問う上で，きわめて重要といえよう．

島恭彦は，その6年後に刊行した『軍事費』[8]においても，予算や国民所得にしめる比重が小さくとも，「アメリカの軍事援助」「国防会議が設けられ，防衛計画がつくられるようになった」こと，陸軍一本で発足した自衛隊が「三軍均衡の軍隊をもっている」こと，「徴兵制でないので人件費の制約が大」であること，そして「防衛庁財産の増加」に注目して，軍事力増強の動向に注目していくべきと強調している．そして旧安保条約が締結された頃から，本書が対象とする「基地対策等の推進」経費の前身である施設提供費，騒音などの被害補償費が増加してくる傾向にも言及している．

鷲見友好も，軍事費は，防衛関係費である「狭義の軍事費」のほか，軍人恩給費などの「広義の軍事費」，国有財産の提供など予算にあらわれない軍事費，地方財政に含まれている軍事費など多様性があることを指摘する．そして「安保条約のために日本の軍事費が少なくてすんだというのは欺まんである．安保条約によって日本は軍事費の増加を義務づけられている」という

視点から，戦後日本の軍事費の膨張傾向を明らかにしている．さらに本書の課題に関連しては，「1960年に最低になった駐留費が，その後徐々に増加し66年度以降とくに増加が著しいこと」に注目し，その要因の1つとして，騒音対策等の経費の増加を指摘している[9]．

本書で問題とする，基地を維持するための財政支出が自治体の財政や地域経済にどのような影響を及ぼしているかについて真正面から取り上げたパイオニア的業績は，佐藤昌一郎著『地方自治体と軍事基地』である．先に述べた「基地対策等の推進」政策の成立期から沖縄復帰時までを対象とした同書では「安保条約とそれにもとづいて日本に設置され，国土を占拠している米軍基地，それを確保するための地位協定を軸とする各種法令および日本政府による軍事行政が，日本の地方自治を侵害し，地方自治体をどのように規制しているか」[10]が分析されている．

しかし，同書刊行後，軍事経済に関する坂井昭夫などによる一連の業績を除くと[11]，日本財政学会において，軍事費を真正面から取り上げた業績はほとんどみられなくなった．わずかに，財政学者ではない前田哲男による思いやり予算の研究，西山太吉による沖縄密約による不明朗な財政支出の研究などがあるが[12]，そうした財政支出が基地所在自治体の財政や地域経済にどのような意味を有するかについての検証は，残された課題となっていた．そこで本書では，日本の軍事費の1割ほどをしめるにすぎないが，基地の提供という日米安保条約にもとづく日本側の義務を履行する際に重要な役割をはたしている経費，さらに普天間飛行場撤去の条件として沖縄県名護市辺野古への新基地建設計画がすすめられ始めて以降，質量ともに重大な変質をとげた基地を維持するための財政支出の特質を，「地域差別」という視点を据えて問うこととしたい．

3. 本書の構成

第1章では，在日米軍基地を維持するための財政支出の全体像を明らかに

する．まず在日米軍基地の沿革を検証し，冷戦崩壊後にドイツなどでは米軍基地が顕著に減少し，韓国でも最近，大幅に削減する計画が進んでいるのに対し，日本の米軍基地面積はここ30年間さほど減少しておらず，今やドイツを凌ぐ「基地大国」となりつつあることを示す．次いで，日米地位協定にもとづく基地を維持するための経費負担の原則を確認した上で，沖縄返還協定での密約に端を発する思いやり予算によって，この原則が曖昧にされ，とくに「暫定的」「特例的」「限定的」であるはずの特別協定が延長を繰り返して恒常化し，対象も際限なく拡大してきた過程を検証する．近年は総額では減少傾向にあるものの，別枠で計上されるSACO合意や米軍再編を実施するための経費は，広義の思いやり予算といってよい内容であり，それらを加えると決して減少しているとはいえない．さらに，グアム協定では，日本の主権が及ばない地域での基地建設費まで負担するほど質の劣化がすすんでいることが示される．

　第2章では，まず，在日米軍基地の沖縄への異常な偏在ぶりを確認する．そのうえで，基地の経済効果なるものの内実を検証し，基地の存在が沖縄の地域経済の発展にとっていかに阻害要因となっているかを明らかにする．そして沖縄が基地に依存しているのではなく，基地が沖縄に依存しているのであり，沖縄は基地に寄生されていることを示す．

　第3章では，基地を維持するための財政支出が自治体財政にどのような影響を及ぼしているかについて，基地とならぶ迷惑施設である原子力発電所の場合と比較して明らかにする．基地も原発も，それが立地する自治体には，一般財源・特定財源ともに過大な財政収入をもたらす．原発の場合には，それを設置・運営する電力会社へ課税権を行使して得た収入が主たる源泉であるのに対し，基地はそれ自体が何らかの経済活動の主体ではないので，その存在がもたらす財政収入はA.スミスがいう「他人の労働による年間生産物の一部」である租税収入が主たる源泉となる．こうした違いが，自治体財政にどのように表れているかが検証される．

　第4章では，1990年代半ば以降に始まった基地を維持するための新たな

諸施策の特徴が明らかにされる．1995年9月の少女乱暴事件を契機とした，復帰後20年以上経過しても変わることのない基地過重負担に対する沖縄の人々の怒りの爆発に直面した日本政府は，①沖縄の人々の怒りをなだめ沈静化する，②新基地を建設することへの「同意」を獲得するという，新たな課題を解決することが求められた．そのために講じられた諸施策の特徴が，2003年に改正された電源3法にもとづく交付金の場合と比較して検証される．

　第5章では，3・4章で分析された基地を維持するための財政支出の実情を，面積の8割以上を米軍基地に占有されている嘉手納町を取り上げて検証する．嘉手納町では1990年代半ば以降に展開された新たな財政支出のうち，基地所在市町村活性化特別事業の総予算額の2割に相当する200億円以上を投入して，「閉塞感の緩和」を目指した大規模な事業がおこなわれた．それによって，一定の雇用や製品販売の場は提供されたものの，就業者の多くは町外在住者であり，町内産製品の供給も限られていた．その最大の要因は，町面積の80％以上もしめる巨大な基地の存在が，嘉手納町における人材育成や生産物供給力涵養の場を奪い，地域の経済力を脆弱化させていることにある．この事例を通じて，どんなに巨費を投じて事業をおこなうよりも，基地を返還することこそが最良の経済振興策であることが示される．

　第6章では，普天間飛行場撤去の条件としての新基地建設予定地を有する名護市を取り上げる．名護市の地域構造は，1970年に合併した旧久志村に基地が集中する一方，それがもたらす軍用地料収入が名護市財政にとっては重要な歳入源となるという，日本における迷惑施設立地政策を維持する財政政策の縮図——迷惑施設を人口の少ない条件不利地域に押しつけて，便益は施設から遠くにある都市が享受する——ともいえる特徴を有している．名護市には，新基地を受け入れることへの見返り的な性格が濃厚な財政支出が最も多く投入されて，数多くの事業がおこなわれたが，その新たな資金の配分構造も，この構造に沿ったものであった．大量の資金投入にもかかわらず，名護市をはじめとする沖縄本島北部地域の経済状況は，他地域と比べてさほ

ど好転することはなかった．こうした事情を背景として，名護市の政治状況は大きく変わり，思想差別を容認する米軍再編交付金の不支給にも動じることなく，名護市の財政運営が，それまでのバブル的な資金への依存を断ちきる第一歩を踏み出したことが明らかにされる．

第7章では，復帰以来40年間にわたりすすめられてきた沖縄振興（開発）政策の構造とその帰結を示し，2012年度からの新たな振興政策の目玉ともいうべき沖縄独自の一括交付金の歴史的意義を明らかにする．沖縄振興（開発）政策は，日本の高度経済成長から取り残された沖縄経済の脆弱性を克服することを目標とした施策であるが，40年間に約10兆円を投じたにもかかわらず，復帰時の課題は解決されずに今日に至っている．これは，高度経済成長期に日本で実施されて失敗した拠点開発方式を沖縄に導入するという，政策それ自体の欠陥によるところが大きい．また，主要な手段である「本土との格差是正」をめざす高率補助政策が，社会資本整備では一定の成果をあげて役割を終えているにもかかわらず，今なお継続しているのは，基地を今後も沖縄に押しとどめておきたいという日本政府の思惑を反映したものであり，その意味では「広義の基地を維持するための財政支出」というべきである．2012年度にはじまる改正沖縄振興特別措置法によって導入された沖縄独自の一括交付金は，計画作成主体が県となるなど評価できる点もあるが，1990年代半ば以降に名護市など基地所在自治体を中心に投入された新たな財政支出と同様の仕組みを有している．さらに，個別補助金の一括交付金化は，沖縄だけでなく全国的施策としておこなわれたことからして，沖縄県が最優先の課題として尽力すべきは，島嶼地域など条件不利地域への安定した収入源となるよう配分のルール化を実現することにあったと強調されている．

第8章では，高率補助による振興開発政策の弊害が現れた典型例として沖縄市の中城湾港泡瀬沖合埋立事業を事例として取り上げる．バブル経済期に構想されたこの事業は，その実現性が危ぶまれている．そして，公金差し止めを求める住民訴訟において，「経済的合理性を欠く」という理由によって，事実上住民の訴えを認める判決が2度も出された．のみならず，貴重な自然

環境を有する泡瀬干潟への深刻な影響も危惧されている．この事業は沖縄市が計画立案したものであるから，沖縄以外であれば，自治体の単独事業としておこなわれるはずである．しかし，隣接する中城湾港新港地区の港湾整備事業で発生する浚渫土砂の処分を目的として，さしあたり国が事業主体となってすすめられている．こうした事業の財政構造を解明することにより，振興開発政策の問題点が浮き彫りにされる．

終章では，基地を維持するための財政支出が，民主主義とは決して相容れないほど劣化している点について，思いやり予算，1990年代半ば以降に始まった新たな施策，沖縄振興政策の3局面にわたり要約し，それらに共通する特徴として，「ルールなき財政支出」「はじめに収入ありき」であることを指摘している．そして民主主義の手続きをないがしろにしたこうした財政支出は，政策の正当性や公共性を欠いており，ひいては人々が検討する機会を奪うという，目に見えない巨大な損失をもたらしていることが結論として述べられる．

注
1) Kent E. Calder, *Embattled Garrisons: Comparative Base Politics and American Globalism*, Princeton University Press, 2007（武井楊一訳『米軍再編の政治経済学―駐留米軍と海外基地のゆくえ―』日本経済新聞社，2008年）．
2) 2012年9月9日に，10万余の県民が参加して「オスプレイ配備に反対する沖縄県民大会」がおこなわれた．13年1月27日には，県内全41市町村長と議長（代理を含む）が上京して，東京にて米軍普天間飛行場のオスプレイ配備撤回を求める集会がおこなわれた．
3) 基地と原発の共通性については，高橋哲哉『犠牲のシステム　福島・沖縄』集英社，2012年，徳間書店出版局編『この国はどこで間違えたのか―沖縄と福島から見えた日本―』徳間書店，2012年，などを参照．
4) 電源三法とは「電源開発促進税法」「発電用施設周辺地域整備法」「電源開発促進対策特別会計法」（2007年度から「特別会計に関する法律」）を指す．
5) この問題については，富野暉一郎「地方自治体と安全保障政策」宮本憲一・川瀬光義編『沖縄論―平和・環境・自治の島へ―』岩波書店，2010年，を参照．
6) Adam Smith, *An Inquiry into The Nature and Causes of The Wealth of Nations*（山岡洋一訳『国富論⑦』日本経済新聞社，2007年，297頁）．

7) 島恭彦『現代の国家と財政の理論』三一書房，1960 年（『島恭彦著作集第 5 巻』有斐閣，1983 年，に所収）．
8) 島恭彦『軍事費』岩波書店，1966 年（『島恭彦著作集第 5 巻』に所収）．
9) 鷲見友好「軍事費」林栄夫・柴田徳衛・髙橋誠・宮本憲一編『現代財政学体系 2 現代日本の財政』有斐閣，1972 年．
10) 佐藤昌一郎『地方自治体と軍事基地』新日本出版社，1981 年，1 頁．
11) 坂井昭夫『軍拡経済の構図』有斐閣，1984 年，新岡智『戦後アメリカ政府と経済変動』日本経済評論社，2003 年，河音琢郎「安全保障と軍事費」植田和弘・新岡智『国際財政論』有斐閣，2010 年など．
12) 前田哲男『在日米軍基地の収支決算』筑摩書房，2000 年，西山太吉『沖縄密約―「情報犯罪」と日米同盟』岩波書店，2007 年，同『機密を開示せよ―裁かれる沖縄密約』岩波書店，2010 年，など．

第1章
在日米軍基地と財政

はじめに

　序章でも紹介したケント・E.カルダーは,「指導者たちが国内で基地政治を処理するときに駆使する典型的な政治手段」[1]として「物質的補償」と「強制」の2つを取り上げ,これにもとづいて図1-1のように基地政治の4つのモデルを提示している．それによると日本は,イタリアとともに「補償型政治」の典型国とされている．補償型政治の特徴として,「強制をほとんど行わず,そのかわりに相当の物質的補償を提供する」「このような補償によって,国は基地反対感情を和らげ,外国軍基地プレゼンスの安定を図ろうとする」「補償に必要な資金が潤沢で,見通しが立てやすく,基地設置国から流入する資金をあてにしないで,国内で補償が充分になされるのであれば,補償型政治は基地政治の四つのパラダイムモデルのなかで,現実的に一番安定している」[2]などの諸点を指摘している．そして日本においてその補償型政治をすすめる際の「地方との調停役」[3]として注目されているのが旧防衛施設庁なのである．

　旧防衛施設庁は,1962年の第40回国会で防衛庁設置法等の一部を改正する法律案が可決成立し,同年11月1日に,調達庁と防衛庁建設本部が合併する形で発足した．2007年9月に防衛省に統合されるまで,基地を提供するための地元との折衝を担ってきた機関である．実は,本書で主たる分析対象とする「基地対策等の推進」は,この旧防衛施設庁所管経費であった．そ

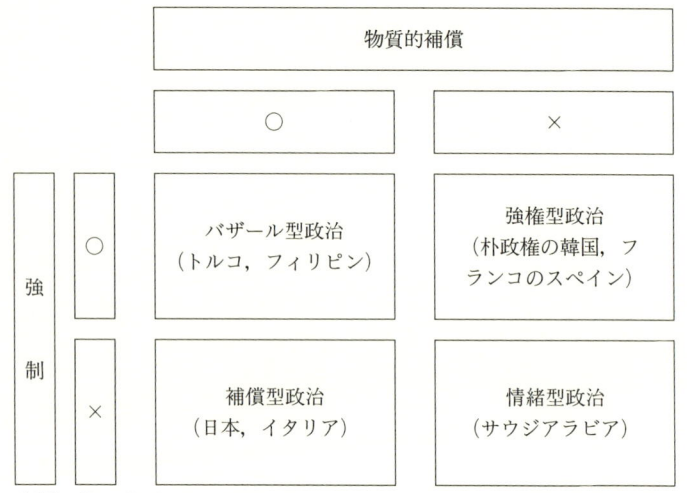

	物質的補償	
	○	×
強制 ○	バザール型政治 （トルコ，フィリピン）	強権型政治 （朴政権の韓国，フランコのスペイン）
×	補償型政治 （日本，イタリア）	情緒型政治 （サウジアラビア）

出所）Kent E. Calder, *Embattled Garrisons: Comparative Base Polotics and American Globalism*, Princeton University Press, 2007, p. 128（武井楊一訳『米軍再編の政治経済学』日本経済新聞社，2008年，197頁）より．

図1-1 基地政治の4つのモデル

のため，防衛施設庁が廃止される2006年度までの防衛庁予算には機関別内訳という分類があり，防衛本庁と防衛施設庁に区分されていた．つまり，1つの庁内で予算が完全に分離されていたのである．

ところで，カルダーは日本の「補償型政治」が2方面に展開されているとも指摘している．まず，日本が在日米軍に提供している年間40億ドル以上の資金について，「基地政治の見地からしてさらに重要なのは，この資金の大部分が，基地にさまざまなサービスを提供する地元の団体に向けられていることである．建設業者，基地労働者の労働組合，電力会社，米軍に施設を貸与している地主などが，受益者となっている」[4]と指摘している．つまり，日本における米軍基地を維持するための財政支出は，基地に関連する個人，団体の「受益」の側面があるというのである．

他方，カルダーは「米軍への受入国直接支援が大きい国は，韓国やクウェートのように，近年の戦争において米軍がその国の周辺で戦い，なおかつそ

の国がいまも直接的で差し迫った軍事的脅威にさらされている場合が多い．しかし，日本はどちらの条件にもあてはまらない」にもかかわらず，「アメリカの戦略目標に対し，日本ほど一貫して気前のいい支援を行ってきた国はない」と指摘している[5]．この「気前のいい支援」の典型例が，いわゆる'思いやり予算'であることはいうまでもない．それは 1978 年度の 62 億円にはじまり，以後毎年膨張し続け，ピーク時の 1999 年度には 2756 億円にも達した．

しかしながら，米軍基地を維持するための財政支出はこれにとどまるものではない．序章で指摘したように 1996 年の SACO 報告，及び 2005 年 10 月の日米合意に盛り込まれた米軍基地再編を実施するための諸経費が，防衛省予算とは別枠で特別に計上されている．このほかにも，防衛省以外の省庁からも様々な名目で財政支出がおこなわれてきた．それらはいったい，どのような根拠にもとづいておこなわれたのだろうか？ そこで本章では，基地維持のための財政支出のなかでも思いやり予算が膨張していく過程に注目して，その特異性を明らかにすることとしたい．

1. 在日米軍基地の特異性

サンフランシスコ講和条約で日本が「独立」を回復して 60 年が過ぎた今日なお，沖縄のみならず全国各地に多くの米軍基地が存在するのは，日米安保条約第 6 条において「日本国の安全に寄与し，並びに極東における国際の平和及び安全の維持に寄与するため，アメリカ合衆国は，その陸軍，空軍及び海軍が日本国において施設及び区域を使用することを許される」と規定していることによる．

表 1-1 は，米軍に提供されている施設件数と土地面積の推移をみたものである．サンフランシスコ講和条約が発効した 1952 年 4 月 28 日現在において米軍に提供されていた施設は 2824 件，面積は 13 億 5363 万 m^2 であった．以後，急速に減少し，新安保条約が発効した 1960 年度末には 187 件，3 億

表1-1 在日米軍施設・区域件数・土地面積の推移

年度	施設	区域	土地面積	区域面積	沖縄	年度	施設	区域	土地面積
52.4.28	2,824	0	1,352,636	0		82	107	12	331,327
53	728	0	1,299,927	0		83	105	14	331,157
54	658	1	1,296,364	1,859		84	105	22	331,285
55	565	2	1,121,225	2,078		85	107	23	330,874
56	457	1	1,005,390	212		86	106	25	330,302
57	368	1	660,528	218		87	105	31	324,763
58	272	1	494,693	212		88	105	33	324,753
59	241	2	335,204	826		89	105	37	324,699
60	187	1	311,751	218		90	105	38	324,593
61	164	2	306,152	516		91	104	39	324,520
62	163	5	307,898	53,835		92	101	41	319,720
63	159	4	305,864	53,834		93	97	41	317,987
64	148	4	306,824	54,004		94	94	41	315,583
65	142	4	304,632	54,004		95	91	42	314,201
66	140	6	305,443	55,803		96	90	42	313,999
67	139	6	303,006	56,059		97	90	42	314,002
68	141	6	218,373	145,907		98	90	43	313,590
69	124	2	214,098	91,695		99	89	44	313,524
70	115	2	214,307	91,695		00	89	45	313,492
71	103	2	196,991	93,854		01	89	45	312,636
72	165	7	446,411	101,924	283,870	02	88	47	312,253
73	151	5	372,037	146,978	276,709	03	88	47	312,193
74	136	5	362,235	146,870	270,477	04	88	47	312,067
75	130	6	354,875	146,508	266,526	05	87	48	312,201
76	125	6	349,276	147,134	263,022	06	85	48	308,809
77	119	6	339,935	147,174	259,259	07	85	49	308,825
78	117	6	339,086	147,842	258,617	08	84	49	310,055
79	113	7	335,365	148,744	255,872	09	84	49	310,053
80	110	7	333,447	148,756	254,007	10	84	49	309,641
81	107	8	329,558	148,348	251,911	11	83	49	308,938

注) 各年とも講和条約発効時（52年4月28日）を除き年度末現在．なお新日米安保条約発効は60年 72年5月15日．
　区域件数・区域面積は，地位協定第2条第4項(b)適用施設・区域の施設件数及び面積．
出所) 『防衛施設庁史』，『防衛ハンドブック』，沖縄県知事公室基地対策課『沖縄の米軍及び自衛隊基

1175万m^2となった．その後も，沖縄復帰時を除くと減少は続いたが，近年の減少度はさほどでもない．とくに面積については，1970年代の終わりに3億m^2余りとなって以来今日までの30年間は，目立って減少しているとは

(単位：件数，千m²)	
区域面積	沖縄
240,234	253,760
242,943	253,600
510,403	248,610
518,073	248,490
541,401	247,950
635,767	242,380
642,904	242,390
658,893	242,372
661,937	242,260
664,250	242,240
665,194	237,424
665,116	237,391
665,078	236,602
670,672	235,191
675,182	234,984
676,202	234,959
697,310	234,519
696,646	234,462
696,632	234,452
698,182	233,600
699,235	233,186
699,166	233,124
699,064	233,025
713,167	232,987
713,236	229,327
718,224	229,245
718,212	229,245
718,172	229,251
718,174	228,783
718,159	228,075

6月23日，沖縄復帰は

地』各年，より作成．

いえない．その結果，2011年度末現在では，83件，3億894万m²となっている．他方，日米地位協定第2条4項(b)を適用した一時使用施設・区域が着実に増加し，49件，7億1816万m²もある．

次に，在日米軍兵力をみると，講和条約が発効し，旧日米安保条約を締結した52年4月現在では26万名であったが，以後急速に減少し，1970年には3万7500名となった．沖縄復帰にともなって一時は6万5000名に増加したものの，その後は3～5万名で推移している．2012年9月30日現在の実員は，陸軍2474名，海軍1万8825名，海兵隊1万7173名，空軍1万2465名，計5万937名である．韓国を除く東アジア・太平洋地域の米軍兵力5万2417名のほとんどが日本に滞在しているのである[6]．ちなみに，2011年度末現在の自衛隊の施設は2590件，10億8673万m²，自衛官現員は22万7848名である．そうすると，兵員では自衛隊の約5分の1の在日米軍の専用施設面積は，自衛隊の3分の1ということになる．しかし，これに一時使用施設・区域の面積を加えると，米軍が利用できる施設・区域の面積は，自衛隊とほぼ同規模なのである．

在日米軍基地の立地というと，沖縄への過度な集中が最大の問題であるが，沖縄以外にも巨大な米軍基地が少なくない．いくつか例示すると，青森県の三沢飛行場（1597万m²），東京都の横田飛行場（714万m²），神奈川県の横須賀海軍施設（236万m²），上瀬谷通信施設（242万m²），厚木海軍飛行場（507万m²），山口県の岩国飛行場（789万m²），長崎県の佐世保海軍施設（49万m²）などである[7]．

次に，世界中にある米軍基地のなかで，在日米軍基地がどれくらいの比重

表1-2 アメリカ国外の米軍基地

	基地数	面積 (エーカー)	PRV (百万ドル)
ドイツ	235	147,824	37,735
日本	123	126,828	40,593
韓国	87	32,435	13,574
イタリア	83	5,615	6,668
イギリス	47	6,067	6,067
その他	141	313,841	19,588
計	716	634,919	124,225

注) PRV は, Plant Replacement Value の略称.
出所) U.S. Department of Defence, *Base Structure Report, FY 2009 Baseline*, より作成.

を有しているかを見ることとしよう. 表1-2 は, アメリカ合衆国国防総省 Base Structure Report, FY 2009 にもとづく, アメリカ国外の米軍基地の状況をみたものである[8]. それによると, アメリカ国外には, 38カ国, 716カ所の米軍基地があるが, 最も多いのがドイツ 235, 次いで日本 123, 韓国 87, イタリア 83, イギリス 47 となっている. つまりこの5カ国で, 国外米軍基地の約8割をしめている. 日本は基地数ではドイツの半分であるにもかかわらず, 面積では 12万 6828 エーカーと, ドイツの 14万 7824 エーカーより 15% ほど少ないだけである. そして PRV (Plant Replacement Value:該当施設を置き換えた場合の価値) では 406億ドルと, ドイツの 377億ドルを上回っていることがわかる. このレポートには, すべての基地の PRV が掲載されているが, 最も高価なのが嘉手納飛行場で 53億ドル[9], 次いで三沢飛行場 45億ドル, 横須賀海軍基地 39億ドル, 横田飛行場 38億ドル, ドイツの Ramstein 飛行場 30億ドルと, 上位はほとんどが在日米軍基地でしめられている. ちなみに, 10億ドルをこえる評価となっている基地数は, ドイツ 6, 日本 11, 韓国 5, イタリア 1, イギリス 2 となっている. このことは, 在日米軍基地が, アメリカにとって, 質量ともにいかに重要な存在であるかを示唆しているといえよう.

こうした在日米軍基地の相対的な比重の高まりの背景には, 先の表1-1 で

第1章　在日米軍基地と財政

表1-3　駐韓米軍供与面積の調整

区分	再配置返還	新規供与
計	35基地，7訓練場（5167万坪）	4地域（362万坪）
LPP	基地/訓練場（4114万坪） ―基地28カ所（214万坪） ―訓練場3地域5カ所（3900万坪）	4地域土地購入（87万坪） ―新規（3.1万坪） ―拡張（84万坪）
米2師団	基地/訓練場（935万坪） ―基地6カ所（886万坪） ―訓練場2カ所（49万坪）	223万坪
龍山	ソウル所在9基地（118万坪）	52万坪

注）　LPPは，Land Partnership Planの略称．全国に散在する米軍基地を主要基地に統廃合する計画を意味する．
出所）　국무총리실 용산공원건립추진단『주한미군재배치사업 백서』2007，11頁．

みたように，この30年間でさほど減っていないのに対し，世界的には1990年頃の冷戦崩壊を契機として，ドイツなどで米軍基地が大幅に縮小していることがある．また，今なお朝鮮民主主義人民共和国との「冷戦」が継続している韓国においても，大幅な縮小が進められようとしている．表1-3は，韓米両国が合意した再配置計画である．この合意がなされた当時，43基地・15訓練場，7320万坪もの土地が米軍に供与されていた．この計画によると，35基地7訓練場，5167万坪が返還されることとなっている．平澤(ピョンテク)など既存基地の拡張によって362万坪が新たに供与されるが，再配置後の面積は2515万坪と従前に比べて3分の1に縮小するのである．返還予定地には，ソウル市の中心部に位置し，19世紀末に清国の軍隊が駐屯して以来，日本軍，米軍に占有されていた龍山(ヨンサン)基地118万坪も含まれている．その結果，38度線近くに多数存在した米軍基地はほとんど返還され，平澤，群山(クンサン)，大邱(テグ)あたりに集約される予定である[10]．

他方，日本の場合は，こうした劇的ともいうべき基地返還は今のところ予定されておらず，ドイツを凌ぐ最大の基地大国になろうとしているのである．では，こうした米軍基地を維持するために，どのような財政支出がおこなわれているのであろうか？

2. 米軍基地維持のための財政負担原則：日米地位協定第24条

　日米安保条約第6条に規定された在日米軍基地を運用する際の，さまざまな原則を定めたのが日米地位協定である[11]．日米開戦前の外務省アメリカ局長で，1946年に外務次官となった寺崎太郎は，「サンフランシスコ体制は，時間的には平和条約－安保条約－行政協定の順序でできた．だが，それが持つ真の意義は，まさにその逆で，行政協定のための安保条約，安保条約のための平和条約でしかなかった」「本能寺（本当の目的）は最後の行政協定にこそあった」と述べたという[12]．この行政協定は，旧安保条約にもとづいて駐留する在日米軍と米兵その他の法的地位を定めた協定であるが，「米軍は日本の法律を守る必要がなく，基地の運営上必要であれば，なにをしてもいい」ことになっている[13]．新安保条約の締結と同時に日米地位協定と名称を変えたが，米軍および関係者の治外法権といってよい特権はそのまま受け継がれ，半世紀の間一字一句も修正されることなく，今日に至っているのである．その特権によって，日本に直接・間接の財政負担をもたらすものとして次のようなものがある．

　①原状回復義務の免責
　合衆国は，この協定の終了の際又はその前に日本国に施設及び区域を返還するに当たって，当該施設及び区域をそれらが合衆国軍隊に提供された状態に回復し，又はその回復の代わりに日本国に補償する義務を負わない（第4条1）．

　②公共料金の免除
　合衆国及び合衆国以外の国の船舶及び航空機で，合衆国によって，合衆国のために又は合衆国の管理の下に公の目的で運航されるものは，入港料又は着陸料を課されないで日本国の港又は飛行場に出入することができる（第5

条1）．

1に掲げる船舶及び航空機，合衆国政府所有の車両並びに合衆国軍隊の構成員及び軍属並びにそれらの家族は，合衆国軍隊が使用している施設及び区域に出入し，これらのものの間を移動し，及びこれらのものと日本国の港又は飛行場との間を移動することができる．合衆国の軍用車両の施設及び区域への出入並びにこれらのものの間の移動には，道路使用料その他の課徴金を課さない（第5条2）．

③租税免除

合衆国軍隊は，合衆国軍隊が日本国において保有し，使用し，又は移転する財産について租税又は類似の公課を課されない（第13条1）．

合衆国軍隊の構成員及び軍属並びにそれらの家族は，これらの者が合衆国軍隊に勤務し，又は合衆国軍隊もしくは第15条に定める諸機関に雇用された結果受ける所得について，日本国政府又は日本国にあるその他の課税権者に日本の租税を納付する義務を負わない（第13条2）．

④損害賠償の請求

公務執行中の合衆国軍隊の構成員若しくは被用者の作為若しくは不作為又は合衆国軍隊が法律上責任を有するその他の作為，不作為若しくは事故で，日本国において日本国政府以外の第三者に損害を与えたものから生ずる請求権は，日本国の次の規定に従って処理する．

(e) (i) 合衆国のみが責任を有する場合には，裁定され，合意され，又は裁判により決定された額は，その25パーセントを日本国が，75パーセントを合衆国が分担する（第18条5）．

このように，基地返還に際しての原状回復義務の免責，公共料金や租税負担の免除，アメリカにのみ責任を有する行為によって損害を与えた場合でも75％の負担でよいなど，さまざまな特権が付与されていることがわかる．

これらは，その分，日本の納税者の負担となることはいうまでもない．例えば，返還跡地の利用をすすめる上で，大きな障害の1つが汚染物質の除去である．本来なら，汚染原因者負担原則（Polluter Pays Principle）からしてアメリカ側の負担となるべき除去に必要な経費が，すべて日本側の負担となっているのである[14]．さらに損害賠償についても，アメリカにのみ責任があるのであれば，当然全額アメリカの負担で賄われるべきであろう．ところが，驚くべきことに，実はこの75％負担すら守られていないことが明らかになっている．2012年2月17日に開催された衆議院予算委員会における，これまでの国を被告とする全国の在日米軍基地の航空機による騒音に関する訴訟で，国が敗訴した件数と損害賠償額に関する質問に対する政府答弁によると，10件202億円の賠償額が確定しているが，アメリカが支払った事例がないというのである[15]．これはつまり，協定による日本の負担は50億円なのに，実際にはさらに150億円肩代わりしていることを意味する．

そして基地それ自体の設置・運用に関する経費負担については，第24条で次のように規定されている．

1　日本国に合衆国軍隊を維持することに伴うすべての経費は，2に規定するところにより日本国が負担すべきものを除くほか，この協定の存続期間中日本国に負担をかけないで合衆国が負担することが合意される．
2　日本国は，第2条及び第3条に定めるすべての施設及び区域並びに路線権（飛行場及び港における施設及び区域のように共同に使用される施設及び区域を含む）をこの協定の期間中合衆国に負担をかけないで提供し，かつ，相当の場合には，施設及び区域並びに路線権の所有者及び提供者に補償を行うことが合意される．

これは，日本の施設及び区域などを提供するに際してアメリカに無償で提供する，それによって不利益を被る権利者への補償は日本政府がおこなう，他方，提供された基地の運営に関連する経費はすべてアメリカ側の負担とな

ることを規定している．したがって，日本側が負担する経費は，対象となる施設・区域が国有財産の場合には無償で提供すること，および非国有財産の場合の借上料，被害者への補償費などである．そして実際，この協定が結ばれた 1960 年以降，思いやり予算が登場する 1978 年度まで，この原則にしたがって処理されてきたのである．この原則が意味することについて，前田哲男は次のように述べている．

すなわち，地位協定第 3 条によってアメリカは，提供された「施設及び区域内において，それらの設定，運営，警護及び管理のための必要なすべての措置を執ることができる」という排他的管理権の行使を認められていること，さらに排他的管理権の内容を詳細に定めた岸信介首相とハーター国務長官の「合意された議事録」(1960 年) の内容をみると，「形式的にいえば，米軍基地といえども日本の主権下にあることは確かだが，実態上からは"軍事租借地"ないし"アメリカ租界"と呼んだほうがより正確」と言うべきで，こうした特権は当然のことながら「米側の経費負担を前提として合意された」というのである[16]．では，この原則にしたがって日本側が義務として負担してきた財政支出をみることにしよう．

地位協定第 24 条 2 項の「所有者及び提供者に補償」する経費は，序章の表 0-1 の「施設の借料，補償経費等」が該当する．このうち補償経費とは，漁船操業制限法による漁業損失補償などであるが，この経費の多くをしめているのは「施設の借料」，つまり非国有地の地権者に支払われる賃貸料である．これは一般に「軍用地料」と呼ばれており，次章で明らかにするように沖縄の地域経済と自治体財政にはとくに大きな影響を及ぼす財政支出である．提供施設・区域が国有財産の場合は，国有財産法の特例として，無償で提供され，さらに原状回復請求権も放棄されている[17]．これが無償でなければどれくらいの収入となるかを試算したのが「提供普通財産借上試算」であり，2012 年度では 1656 億円となっている[18]．これは，表 0-1 で示した同年度の防衛省所管の基地維持財政支出 5211 億円の約 3 割に相当する．

国有財産は，国の行政の用に供するために所有する行政財産とそれ以外の

表 1-4 普通財産(土地)の現況(2012 年 3 月 31 日現在)

(単位:千 m², 億円, %)

区分	数量	割合	価格	割合
一般会計所属財産	944,479	91.9	47,886	96.3
うち在日米軍への提供地	70,651	6.9	21,174	42.6
うち地方公共団体等への貸付地	91,093	8.9	20,218	40.7
うち未利用国有地	9,943	1.0	4,800	9.7
うちその他(山林原野等)	772,789	75.2	1,691	3.4
特別会計所属財産	82,960	8.1	1,821	3.7
合計	1,027,439	100.0	49,707	100.0

出所)『財政金融統計月報』第 730 号,2013 年 2 月,より.

普通財産とに分類される.行政財産は各省各庁の長が管理するのに対し,普通財産は原則として財務大臣が管理処分し,これを売り払い,貸付,またはこれに私権を設定することも可能となっている.2011 年度末の国有財産の土地のうち行政財産は 8 万 6636km²,12 兆 2747 億円であるのに対し,普通財産は 1027km² と行政財産の 80 分の 1 しかないが,価格は 4 兆 9707 億円と行政財産の 4 割ほどになる[19].表 1-4 は,その普通財産(土地)の状況を示したものである.面積で 4 分の 3 をしめる山林原野等を除くと,地方自治体への貸付と米軍への提供がほとんどをしめていることがわかる.そして価格をみると,米軍への提供分は 2 兆 1174 億円と,全体の半分近くをしめている.このことは,経済価値が相対的に高い土地が米軍に提供されていることを示唆しているといえよう.

迷惑料的な性格を有する補償費が,表 0-1 の「周辺環境整備」「住宅防音」である.これらは,「防衛施設周辺の生活環境の整備等に関する法律」(以下,環境整備法と略記)にもとづく財政支出である.「住宅防音」に該当するのが,第 3 条「障害防止工事の助成」,第 4 条「住宅防音工事の助成」,第 5 条「移転の補償」などにもとづく財政支出であり,「周辺環境整備」に該当するのが,基地所在自治体の公共施設整備に充当される特別な補助金である第 8 条「民生安定施設の助成」,及び第 9 条「特定防衛施設周辺整備調整交付金」である.また,総務省の所管である基地交付金は,米軍関係者が先に述べた日

米地位協定第13条にもとづいて地方税などが免除されていることによる減収分を補填するためのものである（環境整備法にもとづく財政支出と基地交付金の詳細は第3章を参照）．

地位協定は，締結されて以来今日まで，一字一句修正されていない．にもかかわらず，これら以外の経費も日本側が負担することとなっているのは，いわゆる'思いやり予算'によるものである．次節では，その経緯に触れながら，詳細を明らかにすることとしよう．

3. 地位協定を逸脱した財政支出

(1) 思いやり予算

'思いやり予算'は金丸信防衛庁長官（当時）の提唱により，1978年度から始まったとされている．しかし，沖縄返還交渉に係る密約をスクープした，元毎日新聞記者の西山太吉は，1972年の沖縄返還協定発効にともなって実施されていたと指摘している[20]．

沖縄返還協定は，その第7条において，日本政府がアメリカ政府に3億2千万ドルを支払うことを明記している．これはいわばつかみ金で，積算の根拠に疑問が持たれていた．そこで，つじつまを合わせるためにその内訳は，1969年の佐藤・ニクソン共同声明第8項の'核抜き'に必要な費用として5000万ドル（後に米軍用地復元補償400万ドル，VOA海外移転費1600万ドルが積み増されて計7000万ドルに増額），基地従業員の給与引き上げ分に7500万ドル，そして米民生用資産買い取りに1億7500万ドルとされている．基地に関連してはさらに密約で，基地の改良，移転費などに回すことにした6500万ドルが確保されたというのである[21]．このように沖縄復帰に際して，前節で述べた地位協定の原則からしてアメリカ側の負担であるべき，基地の移転に関する費用，従業員の待遇に関する費用が日本側の負担となった．しかも池上惇が指摘するように「もっとも大切な立入捜査，監督などの行政権を放棄したままで資金だけ負担」「米軍基地の再編成の内容について知るこ

とすらできないという条件のもとでのもっとも屈辱的な「肩代わり」の形式」[22]で，膨大な財政支出が行われたのである．以下に述べるように，その後アメリカの求めるままに対象を拡大して膨張していった思いやり予算の沿革をみるにつけ，沖縄返還協定が思いやり予算の始まりという西山の指摘は正鵠を得ているといえる．

　ところで，'思いやり予算'というのは，いわば俗称であり，正式な名称ではない．実際，日本政府は，対米交渉においては'思いやり予算'ではなく，「接受国支援」(Host Nation Support) と言っている．また，一般には'思いやり予算'というと，先に指摘した防衛省予算の「在日米軍駐留経費負担」を意味し，それは表1-5のように「提供施設整備費」「労務費」「光熱水料等」「訓練移転費」から成る．本章でもそれを踏襲するが，政府の定義は違っている．以下，その変遷を跡づけながらその相違についても確認しておくこととしよう．

　当初の思いやり予算は，「基地従業員対策等」（表1-5の「労務費」の一部）と「提供施設の整備」だけであった．これらは，日本政府の見解では，地位協定第24条の原則の逸脱ではない．まず，「基地従業員対策等」については，78年度から法定福利費，任意福利費等が，翌79年度からは国家公務員の水準を超える部分についての経費を日本側が負担することとなった．これについては，地位協定第24条1項にいう「合衆国軍隊を維持することに伴う経費というのは，米軍が労働力を使用するのに直接必要な経費」という解釈をすることにより，これらの経費を日本側が負担することは地位協定の範囲内であるとされてきたのである．他方，しかし「これ以上24条1項の解釈ではわが国は労務については負担できない」とも説明されていた[23]．

　また，79年度には「提供施設の整備」も加わることとなった．これも，日本政府としては，地位協定第24条2項の「施設及び区域並びに路線権を合衆国に負担をかけないで提供」による負担との立場である．施設建設と経費分担のあり方については，それまであまり問題とはならなかった．琉球新報社がスクープした，外務省の機密文書『日米地位協定の考え方・増補版』

第1章　在日米軍基地と財政

表1-5　在日米軍駐留経費負担の概要

区　分	概　　要	根　拠
提供施設整備費	1979年度から，施設・区域内に隊舎，家族住宅，環境関連施設などを日本側の負担で提供し，米軍に提供	地位協定の範囲内
労務費	1978年度から福利費などを，79年度から国家公務員の給与条件に相当する部分を超える給与を日本側が負担（格差給，語学手当および退職手当のうち国家公務員を上回る部分については，激変緩和措置を設け2008年度に廃止）	地位協定の範囲内
労務費	1987年度から調整手当など8手当を日本側が負担	特別協定（87年度）
労務費	1991年度から基本給などを日本側が負担（段階的に負担の増大を図り，96年度以降は，上限労働者数23,055人の範囲内で全額を負担）	特別協定（91年度）
労務費	日本が負担する上限労働者数を特別協定の期間中に23,055人から22,625人に段階的に削減	特別協定（11年度）
光熱水料等	1991年度から電気，ガス，水道，下水道および燃料（暖房，調理，給湯用）を日本側が負担（段階的に負担の増大を図り，95年度以降は，上限調達量の範囲内で全額を負担）	特別協定（91年度）
光熱水料等	2001年度から，上限調達量について，特別協定（96年度）の上限調達量から施設・区域外の米軍住宅分を差し引いた上で，さらに10％引き下げ	特別協定（01年度）
光熱水料等	2008年度から，金額に相当する燃料などの負担となり，08年度については07年度予算額と同額の約253億円に相当する燃料などを，09，10年度については07年度予算額から1.5％減額し，約249億円に相当する燃料などを負担	特別協定（08年度）
光熱水料等	日本側は，249億円を上限としつつ，新たに日米間の負担割合を定め，かつ，特別協定の期間中に，日本の割合を現在の約76％から72％に段階的に削減	特別協定（11年度）
訓練移転費	1996年度から，日本側の要請による訓練移転に伴い追加的に必要となる経費を日本側が負担	特別協定（96年度）

出所）　防衛省編『2012年版日本の防衛―防衛白書―』226頁．

によると，「沖縄返還以前においては，従来は，特定の施設・区域の返還の条件として他の施設・区域の中に代替施設を建設することを米側が要求する場合，日本側が右特定の施設・区域の返還を促進するため日本側経費でかかる代替施設を建設する（いわゆる「リロケーション」）という実体があり，このリロケーションのための施設・区域内建設の日本側経費負担について

はさほど問題にされたことはなかった」のである．しかし「沖縄返還の頃から既存の施設・区域内の米軍兵舎（日本側の提供にかかるもの）が老朽化したためこれを建て替えること（岩国），米軍内部の部隊移動との関連で特定の施設・区域の中に新たに施設又は住宅を必要とすること（三沢）等につき米側から日本側に日本側の経費負担での措置方要請があり，諸般の事情を考慮して日本側がこれを行うこととしたため，本件問題がクローズ・アップされることとなった経緯がある」[24]というのである．

つまり，従来は日本側が負担したとしても既存施設の建て替えの域を出なかったのに対し，沖縄返還の頃から，新たな施設建設の費用負担が問題となってきたというのである．上記の外務省文書は「施設・区域の提供」について，「（新規建設の費用はすべて米側が負担すべき）と限定的に解釈しなければならないとするような規定は，地位協定中どこにも見当たらない」「代替関係のない施設建設については予算面からの制約は別として制限がない」[25]という立場から，これを容認したのである．転換点が沖縄返還密約にあったことは，今日では広く知られているところである．これに関連して西山太吉は，密約で基地の改良，移転費を獲得したことが「アメリカにとって最大の収穫」であり，このときに確保された6500万ドルが使い果たされたために，思いやり予算が顕在化したと指摘している[26]．

このようにして始まった思いやり予算の次の大きな転機は，1987年の特別協定である．この時から，従業員給与のうち8項目の手当について50％を限度に日本側が負担することとなった．しかしこれらは，これまでの解釈からして「アメリカ側において負担する義務があるというのが現行の地位協定第24条1項の趣旨である」「これを我が方が負担するとなれば，現行の地位協定第24条1項の原則とは違うことをやる」ことになるために，5年間の特別協定という方式を採用することになったのである[27]．そのため政府は，「暫定的」「特例的」「限定的」と言う表現を繰り返して，これが恒久措置でないことを強調した．この特別協定により，労務費の日本側負担は前年の190億円から，360億円へと倍増し，思いやり予算全体も1000億円を突破し

た．さらに翌年には，8項目の手当の負担割合も100％に引き上げられたのである．

1991年度からの特別協定では，従業員の基本給と光熱水料にまで対象が拡大された．光熱水料は，段階的に負担を増やし，この協定が終了する95年度に100％負担とすることとなったが，これにより米軍人等の給与を除く負担割合は日本7，アメリカ3となり，この枠組みは現在までおおむね継続することとなったのである[28]．

1996年度からの特別協定では，これまでの枠組みを維持しながら，訓練のための移転に伴う経費を新たに負担することとなった．これは厚木飛行場などで行われていたNLP（空母艦載機の夜間離着陸訓練）の硫黄島への移転，沖縄の県道104号越えの実弾演習の移転などが対象になる．

2000年度からの特別協定では，これまでの枠組みは変わらないが，膨張する予算への批判を意識してか，光熱水料について，施設・区域外の住宅分については対象外とし，また上限額についても，区域外の住宅分を差し引いた上で，10％，33億円ほど引き下げることとした．以後，2006年，08年においても，上限額を据え置くなどするだけで，96年度の特別協定以来の枠組みを維持したままであった．

2011年3月末で失効する特別協定が，どのようになるかは，少なからず注目を浴びた．なぜなら，09年9月に政権与党となった民主党が，08年度からの特別協定の国会承認審議に際して，初めて反対に回ったからである．また，国会承認の審査がおこなわれた時期が，未曾有の大震災・原発震災にみまわれて間もない頃であり，その復興・補償予算の確保が最優先の課題となっており，当然減額となってしかるべきと思われたからである．しかし結果的には，特別協定の有効期間（2011年度から15年度）2010年度水準を5年間維持する，労務費について上限労働者数を2万3055人から2万2625人へ段階的に削減，光熱水料等について249億円を各年度の上限としつつ，日本側の負担割合を約76％から72％へ段階的に削減，労務費と光熱水料等の減額分は提供施設整備費への増額分とするなど，これまでの枠組みと何ら変

わらない内容となった．変わらないどころか，訓練移転費については，国内への移転に伴い追加的に必要となる経費に加え，グアム島という米国の施政下の領域への訓練移転に係るものも負担対象に追加されたのである．

このように，地位協定の改正という手続きを経ずに，「暫定」「特例」「限定」を繰り返し，なし崩し的に予算を拡大していく手法は明らかに財政民主主義に反するといってよい．さらに手続きのみならず，その使途内容についても必要性が極めて疑わしい事例が多々みられる．ここでは次の2点を指摘しておきたい．

第1に，「提供施設の整備」によって，軍事施設のみならず娯楽施設や教会なども建設されていることである．国会審議等での批判を受けて政府は「レクリェーションですとか娯楽施設等の福利厚生施設につきましては，必要性を特に精査して，新規採択は控えるというふうなことをしました．そこで2001年度に当たりましても，新規の娯楽施設につきましては採択しない」[29]とせざるを得なくなっている．これは見方を変えると，それまでは米軍の求めるままに娯楽施設まで建設していたことを意味する．

なお，琉球新報社が入手した防衛省の資料によると，この提供施設整備費で沖縄県内の米軍施設内で1979年度から2011年度までの33年間で整備した施設の件数は4020件，5556億4300万円に上っている．施設の内容は，駐機場や格納庫など軍事機能に直接関連する施設のほか，病院や学校，銀行などの生活関連施設などもある．件数で最も多かったのは家族住宅で3465件と約9割をしめ，整備費は1326億5200万円であった．家族住宅1戸当たりの延べ面積は約150m^{2}で，県内の民間地の一戸建て延べ面積の平均75.9m^{2}の約2倍の広さであったという[30]．

第2に，上記の点と関連して，基地従業員についても，こうした娯楽施設等に勤務する職種が多数存在することである．これらはアメリカ政府の歳出外資金による諸機関で15条諸機関といわれる．2006年の衆議院外務委員会における政府の報告よると，日本側が負担する従業員の上限人数約2万5千人のうち約6千人がこの15条諸機関の従業員となっているというのである．

このような職種の労務費まで日本が負担するという理不尽がまかりとおるのは、基地従業員の雇用形態が間接雇用となっていることに関係している。間接雇用とは、地位協定第12条の4で「現地の労務に対する合衆国軍隊及び第15条に定める諸機関の需要は、日本国の当局の援助を得て充足される」と規定されていることにより、日本政府が法律上の雇用主として労働者を雇用し、米軍に提供する方式を意味する。ところがこの方式においては、日米両国が協議して決めるのは、日本が負担する労働者数の上限だけなのである。職種について「これは必要だ、これは必要でないという判断はアメリカ側がする」[31]のであって、日本側には発言権がないのである。

このように、多大な経費を負担しておきながら、その内容について国会等で批判をうけるまで放置してきたこと、従業員の職種についても発言する機会さえないことなど、沖縄返還協定に関連する財政負担をめぐって池上惇が指摘した「立入捜査、監督などの行政権を放棄したままで資金だけ負担」するものであり、オーストラリア国立大学のガバン・マコーマックをして「属国」[32]と言わしめるほどの日本政府の対米従属性を示すものといえよう[33]。

最後に、カルダーをして「日本ほど一貫して気前のいい支援を行ってきた国はない」と言わしめた気前のよさを、他国と比較しておきたい。少し古いが、アメリカ合衆国国防総省が2002会計年度を対象として、「共同防衛への同盟国の貢献」という資料を作成している[34]。それによると、アメリカ合衆国が2002年度に同盟国から受け取った資金は、NATO諸国から24億8432万ドル、太平洋諸国（日本、韓国、オーストラリア）から52億5446万ドル、湾岸諸国から6億5838万ドル、計83億9716万ドルであるが、うち日本からのそれが44億1134万ドルと、NATOの2倍近く、全体の半分以上をしめている。ちなみに、同年の在日米兵力は4万1626人であるが、7万2005人の米兵力がいるドイツの場合は15億6392万ドルである。また、1人当たり米軍の滞在費用の負担割合をみても、日本が74.5%と第1位で、次いでサウジアラビア64.8%、カタール61.2%、ルクセンブルク60.3%、クウェート58.0%となっており、ドイツは32.6%にすぎない。日本の「気前のよさ」

(百万円)

図 1-2 SACO 関係経費の推移

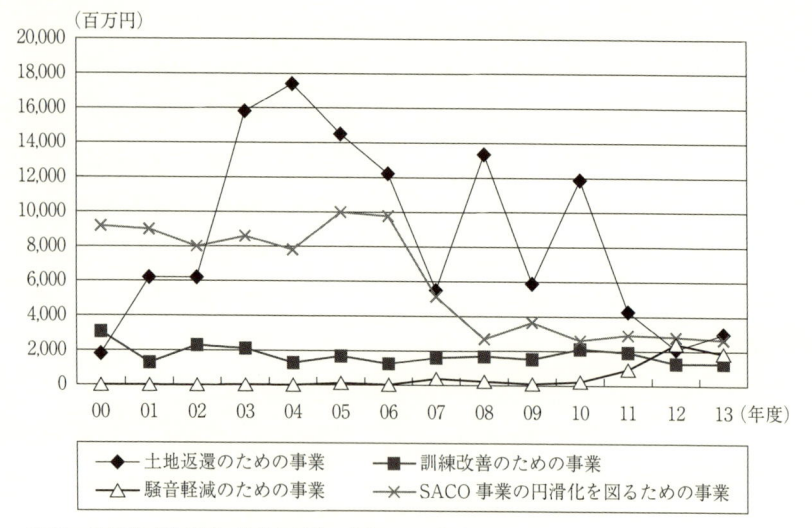

出所) 防衛省『我が国の防衛と予算』各年, より作成.

凡例: ◆ 土地返還のための事業　■ 訓練改善のための事業　△ 騒音軽減のための事業　× SACO 事業の円滑化を図るための事業

は, 国際的にみても突出しているというほかないのである.

(2) 広義の思いやり予算

冒頭に述べたように, 1996 年の SACO 報告, 及び 2005 年 10 月の日米合意に盛り込まれた米軍基地再編を実施するために, 通常の防衛省予算とは別枠で特別な予算が計上されている.

図 1-2 は, SACO 関連経費の推移をみたものである. まず最も多くをしめるのが, SACO 報告に盛り込まれた基地返還の条件としての新たな基地建設経費を主とした「土地返還のための事業」である. 要するに, 米軍のために新しい施設を建設するための経費であり, 先の表 0-1 の「提供施設の整備」と同様の事業といってよい. 表 0-1 では, 提供施設の整備が 2000 年度以降において大きく減少していることを示しているが, それを補うかのように 2003 年度から, 増減を繰り返しつつも, この事業費が多く計上されていることがわかる. 「訓練改善のための事業」は, 沖縄県道 104 号線越え実弾

表1-6 米軍再編関係経費の推移

(単位：百万円)

	07	08	09	10	11	12	13
在沖海兵隊のグアムへの移転事業	301	400	34,608	47,229	52,460	8,097	332
沖縄における再編のための事業	1,192	5,049	9,590	5,284	1,873	3,753	6,019
米軍司令部の改編に関連した事業	105	264	386	1,162	8,982	2,229	8,381
空母艦載機の移駐等のための事業	142	5,843	5,584	27,077	28,036	30,473	36,247
訓練移転のための事業	373	1,123	856	847	995	4,052	4,249
再編関連措置の円滑化を図るための事業	5,127	6,428	9,188	9,285	10,306	11,321	9,371
地元負担軽減関連施設整備等	0	0	8,707	7,767	13,476	2,804	976
抑止力の維持等に資する措置	0	0	14,946	33,302	6,847	7,944	3,620
計	7,240	19,107	83,865	131,953	122,975	70,673	69,195

出所) 防衛省『我が国の防衛と予算』各年, より作成.

射撃訓練の日本への移転に伴う輸送費とそれに関連する施設整備費である[35]. したがってこれらは, 表0-1の「訓練移転費」と同じ内容の経費といえる. そして「事業の円滑化を図るための事業」は, 環境整備法第8条, 第9条にもとづく補助金・交付金の特別分などである. これが2007年度に大きく減少しているのは, 次に述べる米軍再編交付金の創設によると思われる. 要するに, SACO関連経費は, 従業員の人件費を除く思いやり予算の諸経費, 及び環境整備法にもとづく財政支出の特別分を盛り込んだものなのである. これはまさに, 前田哲男の指摘するごとく思いやり予算の「発展型」[36]というべきであろう.

表1-6は2007年度に始まった米軍再編関連経費の内訳の推移を示している.「再編関連措置の円滑化を図るための事業」の大半をしめているのが再編交付金であるが, その詳細は第4章で述べることとし, ここでは環境整備法第9条にもとづく交付金と同様の交付金であることを指摘しておくにとどめる. 残りのうち, 嘉手納飛行場所在米軍機の日本国内やグアム等への訓練移転に関する事業である「訓練移転のための事業」を除くと, ほとんどが新たな施設建設のための事業であるといえる[37]. このうち, 特異なのが「在沖

表1-7 グアム移転経費の内訳

事業内容		財源	金額	
日本側の分担	司令部庁舎，教場，隊舎，学校などの生活関連施設	財政支出（真水）	28.0億ドル（上限）	
	家族住宅	出資	15.0億ドル	25.5億ドル
		融資等	6.3億ドル	
		効率化	4.2億ドル	
	インフラ（電力，上下水道，廃棄物処理）	融資等	7.4億ドル	
	計		60.9億ドル	
米国側の分担	ヘリ発着場，通信施設，訓練支援施設，整備補給施設，燃料・弾薬保管施設などの基地施設	財政支出（真水）	31.8億ドル	
	道路（高規格道路）	融資または財政支出（真水）	10.0億ドル	
	計		41.8億ドル	
総額			102.7億ドル	

出所）『2011年版 日本の防衛―防衛白書―』308頁．

海兵隊のグアムへの移転事業」である．なぜ特異かというと，日本の主権が及ばないアメリカ合衆国の領土に建設される基地の建設費だからである．表1-7は，2006年に日米両政府が合意し，2009年には協定が結ばれたグアム移転協定[38]における移転経費の内訳をみたものである．グアムへの移転に関する経費の総額約102億7千万ドルのうち日本の分担額が約60億9千万ドルとされている．先の表1-6に示されている「在沖海兵隊のグアムへの移転事業」に計上されるのは，分担額のうち「真水」といわれる上限28億ドルの範囲内で整備する司令部庁舎，教場，隊舎及び学校等の生活関連施設に充当する経費なのである．これまで「提供施設の整備」で建設された住宅，及び電力・上下水道などインフラ整備については，出資・融資で30億ドル以上が措置されることとなっている．

　しかし，この金額が本当に上限であるかどうかについては，疑問視されている．というのは，協定第3条において「合衆国の2008会計年度ドルで28

億合衆国ドルの直接的に提供する資金を含む60億9000万合衆国ドルを提供」（傍点は筆者）と明記されているからである．この「2008会計年度」が意味することをめぐり，国会審議で北村誠吾防衛副大臣は「将来の米国の物価水準が上昇すれば名目価格での日本側の負担は増加」し得ることを認めている[39]．つまり，協定に明記された金額は決して上限ではないということである．

この懸念は早々に現実化した．例えば，2010年6月にゲーツ国防長官は，社会資本整備の経費が当初予想を上回ったとして，日本側に負担増を求める書簡を送っている[40]．そして2012年4月27日に日米両政府が発表した在日米軍再編見直しの共同文書では，日本による出融資等は利用しないとしたものの[41]，移転に係る米国政府による暫定的な費用見積りは86億ドルで，うち日本側の負担はグアム移転協定第1条で規定した28億ドルの枠組みは維持し，実際の負担額は物価上昇分を加味して31億ドルとなったのである．

重大な問題は，日本側の負担額の積算根拠となっている海兵隊の移転規模があいまいなことである．2006年5月の米軍再編最終報告では，在沖海兵隊の人員を1万8千人とし，うち8千人がグアムへ移転して，沖縄には1万人がとどまるとしている．また，上述の2012年4月の共同文書では1万9千人のうち9千人が移転とされている．海兵隊の移転人員は千人増加しているが，その9千人のうちグアムへ移転するのは約4千人で，残りはハワイ，オーストラリアへ分散移転する．つまり，グアムへの移転人員は，06年最終報告で決めた8千人から半減したのである．移転人員が半減したにもかかわらず，日本の財政負担は減額となるどころか増加しているのである．

また06年と12年の両文書が前提としている沖縄に滞在する海兵隊の人員もはっきりしていない．例えば，沖縄県が在沖米四軍調整官事務所に毎年照会している海兵隊の実数は，2005年以降1万2～3千人台で推移し，最多でも1万5千人台にとどまっており，在沖海兵隊の実数と定数が大きくかけ離れている状態が続いているのである[42]．もし米軍が県に回答した兵員数が正しく，両文書が述べるように沖縄に1万人を残すことを前提にすれば，移転

規模は発表より少なくなる．他方，実際に8千人ないしは9千人を移転するのであれば，在沖海兵隊の規模は大幅に縮小し，沖縄に駐留する必要性について疑問が提起されるであろう．要するに，在沖海兵隊の実員がどれだけで，そのうちどれだけがグアムへ移転するのか明確でないということである．

ちなみに，内部告発サイト「ウィキリークス」が公表した2008年12月に東京の駐日米大使館が国務長官らにあてた公電では，「8千そして9千という数字も日本での政治的価値を最大化するため意図的に極限まで増加されたが，これら数字は実際に沖縄に駐留する海兵隊とその家族の数とは明らかに異なることは双方とも知っていた」と記している．さらに同公電は，先の表1-7で米側の負担とされた10億ドルの道路整備費について，「米国は基地返還の達成に必要不可欠な条件としてグアムの道路整備を持ち出したわけではない」「全体的な費用見込みを増やし，日本側の費用負担を減らすために盛り込まれた」とも記している[43]．もしこれが事実であるなら，人員・経費とも水増し操作をしていたこととなり，日本の財政支出の正当性は，完全に失われることとなるであろう．

また，グアム移転協定について日本では国会承認の手続きをとったが，アメリカ側はそういう手続きをしていないことも指摘しておきたい．つまり日本側は条約に準じる強制力あるものと認識しているのに対し，アメリカにとっては単なる行政協定にすぎないのである．要するにこれは，アメリカがこの協定で明記した金額を負担・拠出する裏付けがないことを意味する[44]．そして実際，米上下両院の軍事委員会は，2011年12月12日，在沖米海兵隊のグアム移転の関連予算約1億5千万ドルについて，2012会計年度（11年10月～12年9月）国防権限法案から全額削除することで合意し，大統領も拒否権を行使せず，成立することとなった．軍事委員会は，米政府が今後①必要と見込まれるグアム移転関連費の総額，②移転の具体的なスケジュール，③海兵隊のアジア太平洋地域での最新の配置案，を示さない限り，支出を認めないことでも合意したという[45]．グアム移転協定では，日本側の資金提供は米政府の資金拠出が条件となっており，これによって日本側の拠出は根拠

を失うこととなった．このため，先の表1-6に示したように，2012年度の「在沖海兵隊のグアムへの移転事業」予算が，11年度の524億円から81億円へと大幅な減額となったのである[46]．

なお翌13会計年度は2年連続の全額削除こそ回避したが2600万ドルにとどまり，14会計年度は8600万ドルとなったものの，グアム移転事業に米側がこれまで計上した予算は計5億ドル弱で，移転費のうち米側負担55億ドルの1割にも満たない．この予算計上ペースでは2020年を目標とした移転完了の実現にはほど遠いというほかないのである[47]．

おわりに

カルダーによって「補償型政治」と特徴づけられた日本における米軍基地維持のための財政支出は，地位協定第24条にもとづく，基地を提供させられている地元への「補償」，地位協定の原則を逸脱した米軍への「補償」という2側面を有するものであった．いずれも過剰な財政支出であるが，とくに後者は，沖縄返還協定にともなう不明朗な財政負担に端を発したものであり，内容について日本側にチェックする権限がないという対米「属国」ぶりを象徴するものといえる．さらに1987年度からは，日本政府の解釈でも根拠づけできず，特別協定を結ばざるを得ない経費まで負担することとなった．その特別協定は，「暫定的」「特例的」「限定的」と言い繕いながら，改訂を繰り返し今日に至っているのである．

それでも総予算額は，「提供施設の整備」の減少などによって防衛予算総額を上回る減少傾向を見せていた．ところが，1995年の少女乱暴事件以来，SACO報告や米軍再編政策を実施するために，防衛関係費とは別枠で新たな予算措置が講じられており，これらを含めると，基地維持のための財政支出の膨張は，明確な歯止めがきかない状況にあると言わざるを得ない．そしてついには，グアムという日本の主権が及ばない地域での基地整備費まで負担することを余儀なくされている．しかしその負担額の根拠についても，重

大な疑義が提起されているのである．

注
1) Kent E. Calder, *op. cit.*, p. 127（邦訳 196 頁）．
2) *Ibid*, p. 130（邦訳 199 頁）．
3) *Ibid*, p. 133（邦訳 204 頁）．
4) *Ibid*, pp. 132-3（邦訳 203 頁）．
5) *Ibid*, pp. 193-4（邦訳 288-289 頁）．また，日本以外の米軍基地所在国における費用負担の動向については，鈴木滋「米軍海外基地・施設の整備と費用負担―米国及び同盟国・受入国による負担分担の枠組みと実態」『レファレンス』第 57 巻第 1 号，2007 年 1 月，も参考になる．
6) 以上は，朝雲新聞社編集局編『2013 年版防衛ハンドブック』朝雲新聞社，による．ちなみに，在韓米軍の実員は，2008 年 12 月末現在で 2 万 5655 名である．
7) 『東京新聞』2013 年 5 月 13 日付社説「横田基地は必要なのか」は，現在はC130 輸送機 13 機のほか，ヘリコプターなど 7 機あるだけなのに，714ha もの広大な基地が必要であるのか，「首都に主権の及ばない米軍基地と米軍が管理する空域が広がる日本は，まともな国といえるでしょうか」などの問題を指摘し，横田基地の必要性について疑問を呈している．
8) 以下は，U.S. Department of Defence, *Base Structure Report, FY 2009 Baseline* による．
9) 隣接する嘉手納弾薬庫 11 億ドルを加えると，64 億ドルになる．
10) 以上は，국무총리실 용산공원건립추진단『주한미군재배치사업 백서』2007，による．
11) 正式名称は「日本国とアメリカ合衆国との間の相互協力及び安全保障条約第六条に基づく施設及び区域並びに日本国における合衆国軍隊の地位に関する協定」という．この協定については，本間浩『在日米軍地位協定』日本評論社，1996 年，琉球新報社・地位協定取材班『検証「地位協定」 日米不平等の源流』高文研，2004 年，琉球新報社編『外務省機密文書 日米地位協定の考え方・増補版』高文研，2004 年，前泊博盛『本当は憲法より大切な「日米地位協定入門」』創元社，2013 年，などを参照．
12) 孫崎享『戦後史の正体』創元社，2012 年，117-118 頁．
13) 同上書，153 頁．
14) この点については，林公則『軍事環境問題の政治経済学』日本経済評論社，2011 年，を参照．
15) 第 180 回国会衆議院予算委員会（2012 年 2 月 17 日）における，照屋寛徳委員の質問に対する防衛大臣と外務大臣の答弁より．また，毎日新聞の報道によると，米軍基地に関する騒音訴訟で住民への賠償を命じる判決が確定しているのは 12 の

第1章　在日米軍基地と財政

判決で，損害賠償金の総額は約169億円，訴訟に伴う遅延損害金も含めると約221億円になるという．米軍のみが使用する基地をめぐる訴訟の米側負担を75％，自衛隊と米軍が共同使用する基地をめぐる訴訟の米側負担を50％とすると，米側の負担は112億5900万円になる（「騒音訴訟：米，賠償100億円超不払い，日本肩代わり」『毎日新聞』2012年12月2日付）．

16)　前田哲男『在日米軍基地の収支決算』筑摩書房，2000年，169-171頁．
17)　正式名称は「日本国とアメリカ合衆国との間の相互協力及び安全保障条約第六条に基づく施設及び区域並びに日本国における合衆国軍隊の地位に関する協定の実施に伴う国有の財産の管理に関する法律」という．
18)　防衛省編『2012年版日本の防衛―防衛白書―』より．
19)　『財政金融統計月報』第730号，2013年2月，より．
20)　西山太吉『機密を開示せよ―裁かれる沖縄密約』岩波書店，2010年，96頁．
21)　西山太吉，同上書，35頁．密約の全体像については，同『沖縄密約―「情報犯罪」と日米同盟』岩波書店，2007年，も参考になる．また，2011年12月22日に日本外務省が開示した外交文書でも，沖縄返還協定に明記された3億2千万ドルとは別枠で，米軍施設改善移転費として6500万ドル（当時のレートで234億円）の日本負担を確認した署名文書の存在を日本側が事実上認める資料が見つかっている（「別枠で234億円も負担」『琉球新報』2011年12月23日付）．
22)　池上惇「財政支出」『沖縄協定―その批判的検討』（『法律時報』増刊）日本評論社，1971年．
23)　以上は，第108回国会衆議院外務委員会（1987年5月18日）における藤井宏昭外務省北米局長の発言．
24)　以上は，琉球新報社編，前掲書，198頁，からの引用．
25)　同上書，198頁，202頁．
26)　前掲，『機密を開示せよ―裁かれる沖縄密約』，34頁．
27)　第108回国会衆議院外務委員会（1987年5月18日）における柳井俊二外務大臣官房審議官の発言．
28)　この光熱水料は，『補助金総覧』において「国際分担金」に分類され，名称は「合衆国軍隊特別協定光熱水料等支出金」となっている．
29)　第150回国会衆議院外務委員会（2000年11月8日）における大森敬治防衛施設庁長官の発言．
30)　「思いやり予算　提供施設整備に5556億円」『琉球新報』2012年3月13日付．翌14日付社説「思いやり予算　被災地の復興に充てよ」では，2010年に嘉手納基地内に建設された生徒数約600人の中学校の整備費用は40億円で，生徒数が同規模の県内中学校のほぼ2倍，同年春に沖縄市に135億円かけて整備された18ホールの米軍専用ゴルフ場は，返還された泡瀬ゴルフ場の3.6倍の面積で，カジノバーまで造られていると指摘されている．
31)　第169回国会衆議院外務委員会（2008年4月2日）における高村正彦外務大臣

の発言.

32) Gavan McCormack, *Client State: Japan in the American Embrace*, Verso, 2007（新田準訳『属国―米国の抱擁とアジアでの孤立』凱風社, 2008年）.
33) 米国人上司からパワーハラスメントを受けた上に解雇させられたのは不当として, 元基地従業員が雇用主である国を相手に復職などを求めた訴訟の控訴審で, 解雇無効の判決が確定したとしても, 日本政府と在日米軍が雇用に関し取り決めた諸機関労務協約を根拠に米側が復職を拒否する可能性があることが明らかになっている. これは, 不当解雇が認められた場合, 解雇から判決までの未払い賃金は日本政府が負担する上に, 日本の司法権も及ばないということを意味する（「米軍復職拒否の可能性」『琉球新報』2010年11月18日付）.
34) U.S. Department of Defence, *2004 Statistical Compendium on Allied Contributions to the Common Defense*.
35) この訓練移転費も, 『補助金総覧』では「国際分担金等」に分類され, 名称は「特別行動委員会関係合衆国軍隊特別協定訓練移転費支出金」となっている.
36) 前田哲男, 前掲書, 136頁.
37) 負担軽減をうたい文句にF15戦闘機の訓練を日本に移したのであるが, それを上回る外来機の飛来により, 騒音がかえって激化している. 嘉手納町基地渉外課によると, 嘉手納地区の深夜―早朝間（午後10時―午前6時）の2008年度騒音発生回数は, 前年度に比べて約2倍の4231回と, 99年度の測定開始以来, 最多を記録した（「嘉手納地区の騒音最多」『琉球新報』2009年4月10日付）.
38) 正式名称は, 「第三海兵機動展開部隊の要員及びその家族の沖縄からグアムへの移転の実施に関する日本国政府とアメリカ合衆国政府との間の協定」である.
39) 第171回国会衆議院外務委員会（2009年4月3日）における発言.
40) 「グアム移転負担増を検討」『琉球新報』2010年7月29日付.
41) 2010年8月, 国際協力銀行経由のインフラ整備費の融資分の58%をしめる下水道事業について, グアム側が返済義務を負うことを拒んだためにアメリカ政府は「返済計画が作れない」と日本側に伝達していることが明らかになった（「米, 627億「返済不能」」『琉球新報』2010年8月28日付）. 出融資を利用しないのは, こうした事情が背景にあったと思われる.
42) 「在沖海兵隊1万5365人」『琉球新報』2012年5月13日付.
43) 以上は, 「米軍グアム移転費水増し」『朝日新聞』2011年5月4日付, 「官僚, 米に「妥協するな」」『琉球新報』2011年5月5日付, による.
44) この点については, 佐藤学「米軍再編と沖縄」宮本憲一・川瀬光義編, 前掲書, に詳しい. また, このようにグアム移転計画の実現性が危ぶまれており, 辺野古での新基地計画も定まっていないにもかかわらず, 新基地建設を前提としたキャンプシュワブ陸上部分で行っている工事が計5施設24件で, 契約金総額は71億円余りに上っているという（「陸上工事既に71億」『琉球新報』2013年4月2日付）.

45) 「グアム移転費全額削除」『琉球新報』2011年12月14日付. アメリカ連邦議会GAO（会計検査局）は，グアム移転計画等について，予算面から厳しく批判した報告書を提出している. Unite States Government Accountability Office, *Defense Management: Comprehensive Cost Information and Analysis of Alternatives Needed to Assess Military Posture in Asia,* May 2011.
46) 日本政府は，グアム移転事業費として2009-13年度に計916億円を計上したが，こうした米議会による予算凍結措置により，その約8割が執行できないでいる（「提供予算8割未執行」『琉球新報』2013年5月30日付）.
47) 「予算計上ペース鈍く」『琉球新報』2013年4月14日付. なお，アメリカ議会上院軍事委員会が2013年4月17日に発表した *Inquiry into U.S. Costs and Allied Contributions to Support the U.S. Military Presence Overseas* では，普天間飛行場撤去の条件としての名護市辺野古への新基地建設の見通しがたたないことを理由に，グアム移転費を凍結することを提案している.

第2章
沖縄の基地と地域経済

はじめに

　前章では，サンフランシスコ講和条約締結によって日本が「独立」を回復した直後に，在日米軍基地面積が急激に減少したことを確認した．他方，日本が「独立」を回復したその講和条約第3条によって，沖縄が日本から切り離され，さらに四半世紀にわたり米軍政下におかれることになった．それによって，「沖縄には帰属する国家はなく，住民はいかなる主権の保護からも外され，いわば剥き出しで軍事支配下に置かれていた」[1]のである．
　また，沖縄返還協定を審議するために召集された第67回臨時国会では，1971年11月24日の衆議院本会議において「非核兵器ならびに沖縄米軍基地縮小に関する決議案」が可決され，それには「政府は，沖縄米軍基地についてすみやかな将来の整理縮小の措置をとるべき」と盛り込まれた．つまり国会の意思として在沖米軍基地の縮小に取り組むことを決議した．にもかかわらず，40年を経過した今日なお，国土面積の0.6％しかない沖縄に，在日米軍専用施設の4分の3が集中しているのである．
　先の戦争で凄惨な地上戦がおこなわれ，米軍による直接統治が続いた沖縄では，戦後の経済復興は，基地に関連する雇用や，基地建設・運営物資の調達などに依存せざるを得ない状況を余儀なくされた．沖縄経済が「基地依存経済」と言われるのは，こうした歴史的背景を抜きに語ることはできない．1972年の復帰以降，基地経済が沖縄経済にしめる比重は大きく減少したも

のの，今日なお本島の約20%を米軍基地がしめていることは，沖縄経済を論ずるに際しては決して看過できない要因と言ってよい．そこで本章では，沖縄の米軍基地の実情を再確認し，あわせてそれが沖縄の地域経済にどういう影響を及ぼしているかを明らかにすることとしたい．

1. 沖縄と基地

(1) 軍用地確保政策

ここではまず，この40年間の在沖米軍基地の推移を，沖縄を除く日本の米軍基地と比較してみることとしよう．図2-1は，先の表1-1のうち，在日米軍基地面積と沖縄のそれの推移を示したものである．改めて確認できることは，サンフランシスコ講和条約締結後10年も経ないで在日米軍基地の総面積が劇的に減少していることである．その一方で，先に述べたように「剝き出しで軍事支配下」にあった沖縄の米軍基地は拡張されていった．例えば，

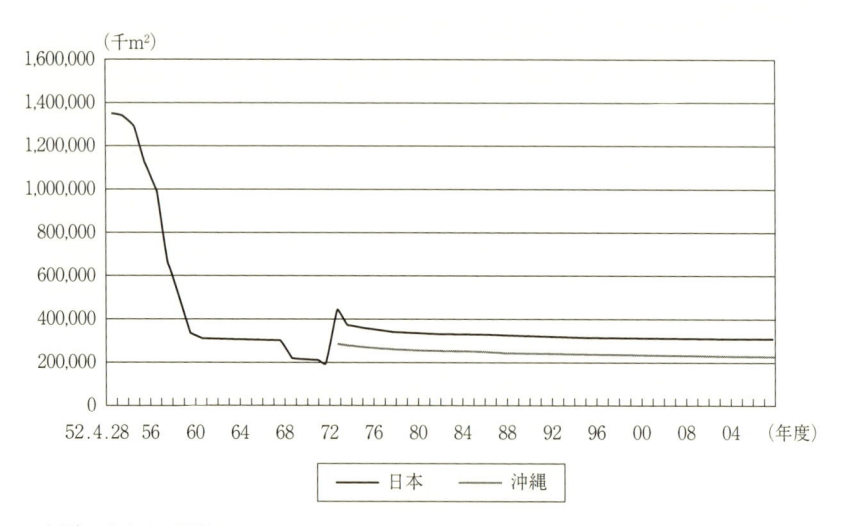

出所）表1-1に同じ．

図2-1　日本と沖縄の米軍基地面積の推移

後掲の表 2-6 で示されるように，現在の在沖米軍の中心をなす海兵隊は，かつてはキャンプ岐阜とキャンプ富士（山梨）に司令部がおかれ，神奈川県横須賀市，静岡県御殿場市，滋賀県大津市，奈良市，大阪府和泉市・堺市，神戸市などに部隊が駐留していた．しかし反基地運動の高まりに直面して撤収を余儀なくされ，軍政下の沖縄に移駐したのである[2]．

さらに復帰後も，キャンプ瑞慶覧の施設管理権が陸軍から海兵隊に移管（1975 年），第 1 海兵隊航空団司令部が岩国飛行場からキャンプ瑞慶覧へ移駐（76 年），辺野古弾薬庫，キャンプ桑江が陸軍から海兵隊に移管，伊江島補助飛行場が空軍から海兵隊に移管（79 年）するなど，海兵隊の沖縄への集中がいっそう進んだのである[3]．

こうした過程で軍用地確保のためにどのような政策が行われてきたかを確認しておくこととしよう[4]．すでに述べたように，日本政府が米軍に国有地でない土地を提供する場合，日本政府が地権者と賃貸借契約を結んで使用権原を取得し，米軍に提供するという方法を採っている．もし賃貸借契約に応じない土地所有者がいた場合は，「駐留軍用地特措法」[5] に基づいて日本政府が使用権原を取得し，米軍に提供することとなっている．1952 年に施行されたこの法律は，具体的な手続きの大部分は，土地収用法の規定を適用している．

軍事占領をそのまま継続して地権者の同意を得ることなくアメリカが強制的に使用してきた沖縄の軍用地も，復帰に際して日本の法体系に入ったことによって，正式な契約に切り替えなければならなくなったことはいうまでもない．ところが，復帰時においても契約に応じない土地が大量に発生することが確実となったため，「沖縄における公用地等の暫定使用に関する法律」（公用地法）が制定された．この法律では，軍用地を公用地とみなして，復帰後 5 年間は契約がなくても強制使用できることとした．

復帰時には契約に応じなかった地権者の多くが，復帰後は応じたものの，少数とはいえ契約に応じない地権者が存在した．いわゆる「反戦地主」である[6]．公用地法の期限が切れた復帰 5 年目の 1977 年 5 月 15 日，反戦地主た

ちは基地内の自らの土地に立ち入った．しかしその4日後に成立した「地籍明確化法」の付則において，公用地法が5年間延長されることとなった．

　復帰10年目の1982年5月15日に，それも期限切れを迎えた．そこで政府は，制定以来ほとんど発動した実績がない上述の駐留軍用地特措法を活用することにした．以来5年ごとにこの法にもとづく強制使用が繰り返されてきた．

　大きな転機は，1997年5月に新たな使用権原を取得する必要がある軍用地について，当時の大田昌秀知事が代理署名を拒否したことであった．実は，それまで地権者に契約を拒否された土地については，駐留軍用地特措法にもとづいて当該地の市町村長に代理署名を求め，市町村長が拒否した場合は，知事が代理署名をしていた．大田知事がこれを拒否したため，政府は地方自治法に基づく勧告，さらには命令を出したが，いずれも拒否された．そこで政府は，沖縄県知事を被告とする職務執行命令訴訟を提起したのである．国がこのようなことができるのは，軍用地の確保が機関委任事務であったからである[7]．

　機関委任事務とはいえ，こうした自治体の'抵抗'に手を焼いた政府は，97年に駐留軍用地特措法を改正し，使用期限が切れた軍用地であっても，収用委員会の裁決による権原取得日の前日まで暫定的に使用できることとした．

　決定的であったのは，2000年の地方分権一括法制定の一環として駐留軍用地特措法が改正されたことである．一括法の最大の目玉が，機関委任事務の廃止であったことはいうまでない．ところが，機関委任事務であった駐留軍用地特措法に基づく土地の使用・収用手続きについて，使用・収用裁決等の事務は都道府県の法定受託事務とされたものの，代理署名等，従来は市町村長や知事に委任されていた事務が，国の直接執行事務とされたのである．つまり，それまでは機関委任事務という枠組み内とはいえ，地方自治体が関与する余地があったのに，それを完全に奪ってしまったのである．

　序章において，復帰後の沖縄政策は，「特別措置」の繰り返しであったことを指摘したが，軍用地確保政策はその最たるものといえよう．とくに，

1990年代半ば以降,「地方分権」つまり地方自治体の自己決定権をいかに拡大するかが内政上の最重要課題となっていたにもかかわらず,基地確保政策はいっそうの集権化がすすんだこと,とくに2000年の地方分権一括法は,基地に土地を提供するかどうかという地域の将来を左右する重大な問題について自治体の発言権を奪ったということを改めて強調しておきたい[8]。

(2) 沖縄の基地の特異性

さて,先の表1-1によると,復帰直前の71年度末の在日米軍基地は103施設,1万9699haであったが,沖縄の日本復帰によって,72年度末において165施設,4万4600haに増加した。うち,沖縄のそれは83施設,2万7800haであり,その占める割合は施設では50%,面積は62%であった。その後5年ほどで全国の米軍基地面積は1万ha減少しているが,これは府中空軍施設,キャンプ朝霞(南部分),立川飛行場,関東村住宅地区,ジョンソン飛行場住宅地区,水戸空対地射爆撃場を返還し,これら施設・区域の機能を横田飛行場に集約する「関東平野空軍施設整理統合計画」(関東計画)の実施によるものであった。これは1972年1月の「佐藤・ニクソン合意」を契機として取り組まれたもので,翌73年1月の日米安全保障協議会で了承され,5年半後の78年7月に返還が完了したのである[9]。この6基地の返還面積は,沖縄の普天間飛行場の4つ以上に相当する。普天間飛行場の場合は,1996年に返還に合意して17年以上を経過しても実現の目途がたたないのに対し,関東計画が合意後わずか5年で実現したのは,当時の佐藤栄作首相が「外国の兵隊が,首府のそばにたくさんいるような,そういうような状態は,好ましい状態ではない」という強い意欲を示したことによるという。この計画の実施に際して財政面において注目されるのは,移転に必要な費用がすべて日本側の負担となり,それは総額で約450億円と当時の防衛施設庁の単年度予算額に匹敵する予算が投じられたことである[10]。つまり,米軍基地が撤去されるとしても,その機能を縮小するのではなく維持することとし,そのために別の場所に施設を新設し,その経費はすべて日本側が負担すると

表 2-1　SACO 最終報告における土地返還の状況

(単位：ha)

施設名(面積)	返還予定面積	返還済面積	未返還面積	備　考
普天間飛行場(481)	481	0	481	
北部訓練場(7,795)	3,987	0	3,987	
安波訓練場(480)	(480)	(480)	(0)	08.12.22 に全施設・区域の共同使用解除
ギンバル訓練場(60)	60	60	0	11.7.31 に全面返還
楚辺通信所(53)	53	53	0	06.12.31 に全部返還
読谷補助飛行場(191)	191	191	0	06.7.31 に一部返還，06.12.31 に全部返還
キャンプ桑江(107)	99	38	61	03.3.31 に一部返還
瀬名波通信施設(61)	61	61	0	06.9.30 に全部返還
牧港補給地区(275)	3	0	3	
那覇港湾施設(57)	57	0	57	
キャンプ瑞慶覧(住宅統合)(648)	83	0	83	
新規提供(那覇港湾施設:35，北部訓練場:38)	▲73	—	▲73	
合　計	5,002	403	4,599	

注)　「安波訓練場」については，共同使用解除のため返還面積などには加算されていない．
出所)　沖縄県知事公室基地対策課『沖縄の米軍及び自衛隊基地(統計資料集)』2013 年 3 月，及び『2012 年版 日本の防衛―防衛白書―』より作成．

　いう政策の枠組みが確立したのである．このことは，以下に述べる沖縄の基地縮小がすすまないことと密接にかかわっている．

　表 2-1 は，序章で紹介した SACO 最終報告で合意された土地の返還状況を示したものである．この合意によって，普天間飛行場をはじめ 11 施設，5000ha の返還が合意された．これがすべて実現しても，在日米軍専用施設面積の沖縄にしめる比重は約 70％ に低下するに過ぎないのであるが，ほとんどの事案が米軍の機能を維持するために沖縄県内に代替施設を建設することを条件としているため，遅々としてすすんでいない．このうち那覇港湾施設は，復帰まもない 1974 年 1 月の第 15 回日米安全保障協議委員会で返還に合意したにもかかわらず，県内移設を条件としていたためにまったくすすまず，再度 SACO で取り上げられたのであるが，今日なお返還の目途はたっていない．北部訓練場は 4000ha 近い面積の返還が予定されているが，東村高江地区に新たなヘリコプター着陸帯を建設することを条件としており，住

民の強い反対により実現できていない．そして普天間飛行場は，5～7年以内，つまり2003年頃までに返還されるはずだったのに，今なお返還の目途がたたないことはすでに述べたとおりである．それどころか，開発段階から墜落事故が相次いでいる垂直離着陸輸送機MV22オスプレイの配備が，圧倒的多数の県民の反対を押し切って2012年10月に強行されたのである．

ともあれ先の表1-1および図2-1が示しているように，復帰後今日に至るまで，沖縄を含む在日米軍基地面積の縮小は遅々としてすすんでいないことを改めて強調しておきたい．その結果，2012年3月末現在の米軍専用施設は，全国で83施設，3万893haとなっているが，うち沖縄に33施設，2万2807haで，復帰時と比べて面積は19%しか減少しておらず，全国しめる比率は，先に述べた復帰時の62%から73.8%と，かえって増大することとなったのである．要するに，復帰後最初に取り組まれたのは，沖縄ではなく首都圏の基地を大幅に縮小することであったことが象徴するように，復帰時の国会決議は顧みられず，逆に沖縄への基地集中度が増すこととなった[11]．

では沖縄の基地の現状はどうなっているのであろうか[12]．ここでは沖縄県作成の資料に依拠して，その特異性を明らかにするとしよう．まず表2-2は，

表2-2 陸地面積に対する米軍及び自衛隊基地面積の割合

区分	陸地面積 A (km^2)	米軍基地面積 B (千m^2)	割合 B/A (%)	自衛隊 基地面積 C (千m^2)	割合 C/A (%)	基地面積 合　計 D≒B+C (千m^2)	割合 D/A (%)
沖縄県 （うち専用施設）	2,276.49	231,763 (228,075)	10.2 (10.0)	6,661	0.3	234,736	10.3
北部	824.66	162,730	19.7	617	0.1	163,347	19.8
中部	280.96	66,118	23.5	1,391	0.5	67,256	23.9
南部	352.39	2,000	0.6	4,516	1.3	6,514	1.8
宮古	226.5	―	―	137	0.1	137	0.1
八重山	591.98	915	0.2	―	―	915	0.2
(沖縄本島) （うち専用施設）	(1,208.19)	(221,127) (217,695)	(18.3) (18.0)	(6,046)	(0.5)	(227,173)	(18.8)

注）米軍基地と自衛隊基地を合計した面積が合計欄(D)と一致しないのは，米軍が自衛隊基地を一時使用(共同使用)している基地の面積が両方に含まれているため．
出所）前掲『沖縄の米軍基地及び自衛隊基地』2013年3月，5頁．

表 2-3 沖縄県内基地の所有形態別面積（2012 年 3 月末現在）

区分		米軍基地		自衛隊基地	
		面積(千 m²)	構成比(%)	面積(千 m²)	構成比(%)
沖縄	国有地	80,265	34.6	922	13.8
	県有地	8,117	3.5	1	0.0
	市町村有地	68,085	29.4	1,186	17.8
	民有地	75,297	32.5	4,553	68.3
	小計	231,764	100.0	6,662	100.0
沖縄を除く日本	国有地	694,041	87.3	966,273	89.5
	その他	101,294	12.7	113,800	10.5
	小計	795,335	100.0	1,080,073	100.0

出所）　前掲『沖縄の米軍及び自衛隊基地』，7 頁．

陸地面積に対する米軍及び自衛隊基地面積の割合をみたものである．沖縄県全体にしめる基地の割合は 10.2% であるが，そのほとんどが本島北部地域と中部地域に集中しており，北部地域は 2 割ほどが，中部地域は 4 分の 1 ほどが基地によってしめられていることがわかる．これは陸地面積だけであるが，このほかに訓練のための水域を，28 水域，5 万 4940km²，空域を 20 空域，9 万 5416km² も提供させられていることも指摘しておかなければならない．

　表 2-3 は，所有形態別にみたものである．日本の米軍基地は，旧日本軍の基地を転用した場合が多いので，所有形態でみると国有地が 87.3% をしめている．これに対し，すでに述べたように第 2 次世界大戦で日本の領土内で唯一地上戦がおこなわれた沖縄では，従前にどのように使われていたかとは無関係に米軍が欲するままに基地を形成したこと，そして戦後も軍政下において住民の意思とは無関係に「銃剣とブルドーザー」によって基地を拡張したことなどを反映して，国有地は 3 分の 1 ほどで，残りは自治体所有地，民有地がそれぞれ 3 分の 1 ずつとなっていることがわかる．さらに表 2-4 は，米軍基地の所有形態を地域別にみたものである．それによると，国有地 8026ha のうちの 7562ha，市町村有地 6808ha のうちの 5714ha が北部地域にあり，北部地域では国有地と自治体所有地で 9 割近くをしめていること，他

表 2-4 地区別所有形態別米軍基地面積

(単位：千m², カッコ内%)

区分	国有地	県有地	市町村有地	民有地	合計
北部地区	75,623(46.5)	7,988(4.9)	57,139(35.1)	21,980(13.5)	162,730(100.0)
中部地区	4,391(6.6)	94(0.1)	10,642(16.1)	50,993(77.1)	66,118(100.0)
南部地区	210(10.5)	35(1.8)	304(15.2)	1,450(72.5)	2,000(100.0)
八重山地区	41(4.5)	—	—	874(95.5)	915(100.0)
合計	80,265(34.6)	8,117(3.5)	68,085(29.4)	75,297(32.5)	231,764(100.0)

出所）前掲『沖縄の米軍及び自衛隊基地』，11頁．

方，民有地7530haのうち5099haが中部地域にあり，中部地域の米軍基地の77.1％が民有地で占められていることがわかる．北部の米軍基地は，主として海兵隊の訓練場として使われる山林が多くをしめている．国有地の大半は，国頭村と東村にまたがる北部訓練場にある．そのほかの北部地域の米軍基地は，市町村有地が多くをしめるが，これは実は，いわゆる字有地であって，名義が市町村有地となっていることによる場合が多い．これに対し，中部地域の米軍基地は，ほとんどが平地を占有している．極東最大の米軍基地である嘉手納飛行場の場合，1985haのうち1795ha（90％）が，普天間飛行場の場合，481haのうち438ha（91％）が民有地なのである．

表 2-5 は，市町村別米軍基地面積をみたものである．まず面積をみると，国頭村，東村，名護市，金武町といった本島北部地域の自治体が上位をしめ，この4市町村で全面積の半分ほどをしめていることがわかる．これら北部地域の基地は，先に述べたように主として海兵隊の訓練場である．それに対し，本島中部の平野部にある嘉手納町，北谷町，読谷村，沖縄市，宜野湾市などは，市町村面積に占める割合がきわめて高く，なかでも嘉手納町は，8割以上も基地に占有されているのである．

そして軍別施設数・面積・軍人をみた表2-6をみると，在沖米軍の主力が海兵隊であることを改めて確認できる．すなわち，海兵隊のしめる比重をみると，33施設のうち14施設（42.4％），面積2万3176haのうち1万7550ha（75.7％），軍人数2万6883人のうち1万5365人（57.2％）となっている．

表 2-5　市町村別米軍基地面積

市町村名	市町村面積 (ha)	施設面積 (ha)	市町村面積に占める割合	全施設面積に占める割合
国頭村	19,482	4,485.4	23.0%	18.9%
東村	8,179	3,394.4	41.5%	14.3%
名護市	21,038	2,334.7	11.1%	9.9%
本部町	5,434	1.2	0.0%	0.0%
恩納村	5,087	1,484.7	29.2%	6.3%
金武町	3,788	2,184.5	57.7%	9.2%
宜野座村	3,132	1,586.5	50.7%	6.7%
伊江村	2,277	801.6	35.2%	3.4%
うるま市	8,617	618.5	7.2%	2.6%
沖縄市	4,900	1,689.6	34.5%	7.1%
読谷村	3,517	1,259.0	35.8%	5.3%
嘉手納町	1,504	1,240.4	82.5%	5.2%
北谷町	1,378	728.9	52.9%	3.1%
北中城村	1,153	164.1	14.2%	0.7%
宜野湾市	1,970	637.6	32.4%	2.7%
浦添市	1,927	273.7	14.2%	1.2%
那覇市	3,924	56.4	1.4%	0.2%
久米島町	6,350	4.4	0.1%	0.0%
渡名喜村	384	24.5	6.4%	0.1%
北大東村	1,310	114.7	8.8%	0.5%
石垣市	22,900	91.5	0.4%	0.4%
基地所在市町村	128,251	23,176.6	18.1%	100.0%
全　県	227,649	23,176.6	10.2%	100.0%

注)　市町村面積は 2011 年 10 月 1 日現在，施設面積は 12 年 3 月末現在
出所)　前掲『沖縄の米軍及び自衛隊基地』，9 頁．

表 2-6　軍別施設数・面積・軍人数

区分	施設数	構成比(%)	面積(千 m²)	構成比(%)	軍人数(人)	構成比(%)
海兵隊	14	42.4	175,504	75.7	15,365	57.2
空軍	6	18.2	20,726	8.9	6,772	25.2
海軍	5	15.2	2,645	1.1	3,199	11.9
陸軍	4	12.1	3,780	1.6	1,547	5.8
共用	3	9.1	28,853	12.4	─	─
その他	1	3.0	254	0.1	─	─
合計	33	100.0	231,763	100.0	26,883	100.0

注)　施設数・面積は 2012 年 3 月末現在，軍人数は 2011 年 6 月末現在．
出所)　前掲『沖縄の米軍及び自衛隊基地』，10 頁．

第2章　沖縄の基地と地域経済　　　　　　　　　　　　　　57

ちなみに前章で紹介したアメリカ合衆国国防総省 Base Structure Report, FY 2009 によると, 海兵隊の海外基地は, 日本以外では韓国とケニアに1カ所ずつあるだけである. 3カ国の海兵隊海外基地の PRV（Plant Replacement Value）は約90億ドル, そのうち日本が89億ドルとほとんどをしめている. 要するに, 沖縄の海兵隊基地は, ほとんど唯一の海兵隊海外基地なのである.

　本節の最後に, 自衛隊基地にも言及しておくこととしたい. 先の表2-3によると, 自衛隊基地の面積は666ha と米軍基地よりはるかに小さいが, うち国有地は13.8%にすぎないのに対し, 民有地が68.3%と3分の2をしめていることがわかる. 市町村別分布をみると, 那覇市が346ha と半分をしめている. 最大の面積をしめている基地は, 那覇空港を活用している航空自衛隊那覇基地で212ha（地主数2421人, 年間賃料65億円), 次いで陸上自衛隊那覇訓練場で88ha（同1401人, 32億円）となっている. こうしてみると, 米軍が強奪した土地を, 復帰後も地権者に返還することなく自衛隊が代わって使用しているといえる[13].

2. 基地が沖縄経済に及ぼす影響

　基地が設けられている以上, その維持管理に必要な物資の調達, 建設工事などの発注, 従業員の雇用, 軍人・軍属等の消費活動などがおこなわれることによって, さまざまな影響を地域経済に及ぼすことはいうまでもない. しかし, いうまでもなく基地というのは, 自立した経済活動をおこなう主体ではない. 経済的な付加価値を何らもたらさない, 再生産外的消費というべき軍事活動の拠点である. この点は, 同じく「迷惑施設」である原子力発電所が, 核廃棄物という無限大のマイナスを伴うとはいえ, その本来の活動の産物として電気という有用なものをもたらすのと決定的に異なるのである. A. スミスも, 軍事の非生産性について次のように述べている.

「国王や国王に仕える裁判官と軍人，陸軍と海軍の将兵の労働はすべて非生産的である．全員が社会の使用人であり，他人の労働による年間生産物の一部によって維持されている」

「海軍や陸軍は平時は何も生産しないし，戦時には戦争を続けている間すら，その維持費をまかなえるものは何も獲得しない．自分では何も生産せず，他人の労働によって維持されている」[14]

以下では，基地がどのような影響を沖縄の地域経済に及ぼしているかを述べるが，それは基地それ自身が生み出した付加価値によるものではなく，「他人の労働による年間生産物の一部」によるものであることを重ねて強調しておきたいと思う．

さて，基地の存在が沖縄経済に及ぼす影響を論じるに際しては，表2-7で示される「軍関係受取」が県民総所得や県外受取にしめる割合で語られる場合が多い．それは大きく3つに区分される．

まず「米軍等への財・サービスの提供」とは，米軍基地内で発生した需要に対する県内市場からの供給，及び米軍人・軍属・家族による基地外での消費支出を意味する．米軍基地内で発生する需要の具体的内容としては，日本政府負担による基地内建設工事や基地内光熱費，米軍機関による物資・サービス調達や工事，基地内事業者による物資・サービス調達等がある．また，米軍人・軍属・家族による基地外での消費支出には，基地外での消費支出のほか，基地外に居住する米軍人・軍属世帯が支出する家賃や光熱水費も含まれるのである[15]．

「軍雇用者所得」は，基地従業員が基地内で働いて得た所得である．基地従業員は復帰時に2万人近くいたが，5年後の77年には8447人と半分以下に減少した．しかし80年の7177人を底に漸増傾向が続き，2012年3月末現在で9038人となっている．増加の背景には，前章で指摘したように，かつてはアメリカの負担であった基地従業員の人件費が，思いやり予算によって日本側の負担となったことがあると思われる．それを裏付けるように，軍

雇用者所得は80年の278億円を底に増加へ転じ，92年以降はおおむね500億円余で推移しているのである．第7章で述べるように，復帰経済政策において最も力点を置いた製造業の振興が十分な成果をあげることができず，慢性的な高失業率が続いた沖縄において，「間接雇用」とはいえ準公務員待遇の基地従業員は，公務員とならぶ有力な雇用先となってきたのである[16]．もっとも最近では，応募者数が2003年度で1万5572人であったのが，10年度は6518人と半分以下に減少するなど，かつてほどの人気職種ではなくなっている．その背景には，普天間飛行場の県外移設を求めるなど基地の整理縮小を望む県民世論の高まり，かつてはフルタイムしかなかったのに，2000年度からパートタイム制度が導入されるなど，労働条件が悪くなっていることがあるという[17]．

そして「軍用地料」は，在沖米軍に提供されている民有地・県市町村有地の使用料である．先の表2-3でみたように，日本と比べて民有地・県市町村有地の比重が高い沖縄において，大きな経済的意義を有している[18]．

よく知られているように，復帰に際し日本政府は，契約を拒否するいわゆる'反戦地主'への懐柔策として，軍用地料を従前の6倍にも引き上げた（見舞金を含む）．表2-7によると，以後も毎年着実に引き上げられ，1994年度には初めて農林水産純生産額を上回った．2010年度の軍用地料総額は復帰時の123億円の6倍以上の793億円で，これに同年度の自衛隊基地の軍用地料119億円を加えると912億円にもなる．これは同年の沖縄における観光収入4025億円の4分の1，農林水産純生産額547億円の1.67倍ほどとなっている．沖縄県内の米軍基地面積は，復帰以降今日まで，まことに不十分ではあるが，20％近く減少してきた．また，バブル経済崩壊以降，日本全体の地価は減少傾向が続いており，沖縄も例外ではない．にもかかわらず軍用地料は一貫して上昇を続けているのである．このように，経済的合理性ではとうてい説明できないこの軍用地料水準は，明らかに政治的性格を有し，端的にいうと'賄賂'というべきであろう．

軍用地料は，民間の地権者にとっては地代所得となり，毎年確実に増収と

表 2-7 基地関係

年度	県民総所得 A	県外受取 B	米軍等への財・サービスの提供	軍雇用者所得	軍用地料
1972	5,013	4,011	414	240	123
1973	7,177	5,193	288	320	177
1974	8,611	7,624	335	376	255
1975	10,028	8,819	389	361	260
1976	10,656	8,587	423	379	259
1977	11,631	10,019	462	291	252
1978	13,176	11,306	407	313	276
1979	14,610	12,729	464	278	294
1980	15,647	13,832	525	278	311
1981	17,098	14,720	700	292	338
1982	18,226	14,288	694	306	345
1983	19,464	14,196	691	320	355
1984	20,844	14,991	786	330	368
1985	22,512	15,633	708	350	383
1986	23,872	15,112	589	357	399
1987	25,165	15,363	512	376	394
1988	26,284	15,611	517	386	407
1989	28,168	16,830	548	419	427
1990	29,051	18,325	525	453	447
1991	30,606	19,285	532	479	470
1992	31,929	20,768	546	500	517
1993	33,134	21,485	505	516	551
1994	33,099	21,381	487	503	577
1995	33,843	21,939	477	523	603
1996	35,056	21,814	592	518	630
1997	35,700	22,607	579	519	662
1998	36,393	23,600	685	517	682
1999	36,659	24,552	581	513	705
2000	37,459	24,344	606	499	728
2001	38,143	23,677	629	510	751
2002	38,035	22,597	648	509	765
2003	38,472	22,823	690	509	766
2004	38,264	21,741	676	507	770
2005	38,717	21,282	626	507	775
2006	39,188	21,376	728	516	777
2007	39,306	21,385	661	526	777
2008	38,926	22,082	642	522	784
2009	39,499	22,179	647	505	791
2010	39,490	21,758	649	504	793

注) 1. 軍用地料は自衛隊関係を除く.
 2.「その他」は,米軍基地内での建設工事,テナント業者の営業活動で得た雇用者の報酬,企業に算入されており,96年度まで遡及推計されている.したがって,95年度以前とは連続しない.
出所) 前掲『沖縄の米軍及び自衛隊基地』,39-40頁.

収入の推移

(単位：億円，％)

その他	小計（軍関係受取）C	観光収入	農林水産業純生産額	C/B (%)	C/A (%)
＊	777	324	287	19.4	15.5
＊	785	460	376	15.1	10.9
＊	966	577	440	12.7	11.2
＊	1,010	1,277	496	11.5	10.1
＊	1,061	589	594	12.4	10.0
＊	1,006	940	669	10.0	8.6
＊	996	1,197	721	8.8	7.6
＊	1,035	1,507	723	8.1	7.1
＊	1,113	1,497	673	8.0	7.1
＊	1,330	1,634	753	9.0	7.8
＊	1,346	1,645	742	9.4	7.4
＊	1,366	1,679	734	9.6	7.0
＊	1,483	1,929	760	9.9	7.1
＊	1,441	1,862	804	9.2	6.4
＊	1,345	1,929	739	8.9	5.6
＊	1,282	2,125	746	8.3	5.1
＊	1,310	2,173	666	8.4	5.0
＊	1,394	2,478	811	8.3	4.9
＊	1,425	2,668	643	7.8	4.9
＊	1,481	2,836	594	7.7	4.8
＊	1,563	2,803	625	7.5	4.9
＊	1,573	2,772	603	7.3	4.7
＊	1,567	2,776	552	7.3	4.7
＊	1,603	2,959	552	7.3	4.7
82	1,822	3,077	565	8.4	5.2
81	1,840	3,434	592	8.1	5.2
78	1,962	3,604	530	8.3	5.4
83	1,882	3,864	556	7.7	5.1
102	1,934	3,772	510	7.9	5.2
119	2,008	3,420	469	8.5	5.3
111	2,033	3,483	398	9.0	5.3
139	2,103	3,773	460	9.2	5.5
151	2,104	3,694	516	9.7	5.5
99	2,007	4,057	518	9.4	5.2
122	2,142	4,083	513	10.0	5.5
104	2,067	4,289	533	9.7	5.3
95	2,042	4,299	476	9.2	5.2
113	2,056	3,778	492	9.3	5.2
140	2,086	4,025	547	9.6	5.3

の利益のことであり，2005年度県民経済計算から米軍基地からの要素所得の1つとして軍関係受取

なるので格好の利殖手段となっている．沖縄防衛局の資料によると，2006年度における軍用地料の支払額別所有者数は4万179人である．うち2万1608人が100万円未満であるが，同年度の1人当たり県民所得200万円余を上回る所有者が，9千人も存在するのである[19]．普天間飛行場の場合をみると，1972年度の賃料は，9億1900万円であったが，2011年度のそれは68億6900万円と，7倍以上に増加している．普天間飛行場は，面積480万6千m^2で，うち国有地が359千m^2，市有地71千m^2，民有地437万5千m^2である．宜野湾市の11年度軍用地料収入は1億2090万円であるから，軍用地料の大半が民間の地権者の地代所得となっているといえる．12年3月末現在の地権者数は3396人で，1人当たりの平均地代収入は約202万円に達する[20]．

このため県内の分配所得構造をみると，財産所得の割合が絶えず全国平均を上回る状況が続いている．例えば，2010年度についてみると，全国平均5.7%であるのに対し，沖縄のそれは8.3%と，2.6ポイント高くなっているのである[21]．

さらに最近では，確実かつ利回りの高い不動産として県外の購入者も増加しているという．防衛省によると，2007年度の在沖米軍基地用地所有権移転は計863人で，うち沖縄以外の日本在住者への移転は55人で，そのうち売買によるのが32人，約1万5千m^2，08年度は1974人のうち，158人，売買が33人で1万9千m^2にのぼっている[22]．軍用地の売買額は，年間借地料に「倍率」といわれる係数をかけて決まる．例えば，『琉球新報』2010年4月2日付に掲載された広告をみると，那覇陸上自衛隊は33.5倍，普天間飛行場は25倍となっている．倍率に差が生じるのは，返還見通しが低いところほど，倍率は高くなるからである．ともあれ，これらを購入した場合の年間利回りは，前者は3%，後者は4%となる．異常な低金利が続く今日，国の保障で着実に値上がりする軍用地は，格好の「金融商品」となっているのである．今後，基地が返還された場合，その跡地利用を進める上で，地権者の合意をどのように得ていくかが重要な課題となる．こうした軍用地の金

融商品化によって地域社会との結びつきが希薄な地権者が増えることは，その合意を得ることをきわめて難しくすると予想される．

表2-7によると，以上の軍関係受取が県民総所得にしめる比率は復帰当時15.5%あったが，以後着実に減少し，近年では5%台前半で推移している．また，県外受取にしめる比率も復帰時の19.4%から近年では9%台前半で推移している[23]．もし仮に，今米軍基地が撤去され，これら軍関係受取が消滅したとしても，沖縄本島中部の優良地が活用できることからして，マクロ経済レベルでは容易にその回復は可能と言えよう．

3. 地域経済の発展を阻害する基地

以上のように，基地が存在することによって地域経済に一定の影響を及ぼしていることは確かである．しかし，基地の面積はさほど変わらないのに，沖縄における基地がもたらす経済的影響力は着実に低下している．繰り返しになるが，ここで「軍関係受取」といわれている経済効果なるものは，基地本来の活動である軍事活動がもたらす付加価値を源泉とするものではない．先に紹介したA.スミスの言葉を借りると「自分では何も生産せず，他人の労働によって維持されている」のである．

加えて，前章の思いやり予算の分析によって明らかなように，在日米軍基地の場合は，その「他人の労働」はアメリカ人よりは，日本人の労働，つまり日本の財政支出によってもっぱら支えられていることも改めて指摘しておきたい．

そのもっぱら日本の財政支出が支えている米軍基地がもたらす経済効果なるものも，沖縄の地域経済にとってさほど有用であるとはいえない．例えば，表2-8は，沖縄県企画部統計課の調査による2003年度に米軍が発注した建設工事，財・サービス購入契約の内訳をみたものである．総額は約1013億円であるが，うち沖縄の事業者が契約したのは146億円と，14.4%をしめるにすぎない．とくに，基地の日常的な運用を支える石油，船舶など財の契約

表2-8 米軍発注契約の内訳（2003年度）

(単位：百万円)

契約の種類		契約者			
		沖縄を除く日本	沖縄	その他	総計
建設		28,090	8,842	0	36,932
財	その他用品	2,190	441	80	2,711
	ビル供給	18	12	0	30
	建設資材	4	5	0	9
	コンテナ及び輸送機器	356	0	0	356
	電子・通信機器	4	0	0	4
	資材運搬機器	47	0	0	47
	医療・歯科機器，用品	0	68	5	73
	非戦闘車両	1,309	4	0	1,313
	その他燃料，潤滑油	42	0	0	42
	石油	16,130	40	0	16,170
	撮影供給品	4	0	0	4
	生産設備	19	0	0	19
	船舶	10,507	85	0	10,592
	食料	95	0	0	95
	輸送機器	3	0	0	3
	小計	30,728	655	85	31,468
サービス		27,706	5,109	123	32,938
総計		86,524	14,606	208	101,338
割合		85.4%	14.4%	0.2%	100.0%

出所) 沖縄県企画部統計課『在沖米軍統計（資料集）』2007年3月，より．

において，沖縄が供給できるものはごくわずかしかないことがわかる．また，同年度の2万5000ドル以上の契約件数は9207件で，うち沖縄は2547件と27.7%をしめるに過ぎないのである[24]．

さらに，先の表で沖縄が獲得した契約の過半をしめている建設工事についても，「ボンド（契約履行保証）制」と呼ばれるアメリカの発注制度が，県内企業の参入を難しくしているという．これは，保険会社が入札業者の審査と受注額に見合った金額を保証するもので，通常は工事代金の100%を求められる．そして米国が，公共工事の発注業務を簡素化してコスト削減につなげるために，従来の分割発注から複数の工事案件をまとめた一括発注に移行したために，発注工事規模が06年頃から増大し，100億円台に跳ね上がっ

ているのである。県内で100億円を超えるようなボンドを積める建設会社はないため、大型工事は日本の会社が受注しているという[25]。実際、沖縄建設新聞の調査によると、アメリカ政府による沖縄県内米軍基地にかかる工事や物品調達額について、最も受注金額が大きかった企業は09，10会計年度とも東京に本社がある西松建設で，09会計年度は119億6400万円で総調達額の27.5%，10会計年度は148億9100万円で，33.7%を占めたのである．また，10会計年度の県内調達額でみる上位200社のうち県内企業が91社、県外の日本企業が20社、海外企業が89社であるが，1社当たりの平均契約金額は県外日本企業が県内企業の約3.5倍に上り，県内企業が大型事業を受注できていないことを裏付けている[26]．要するに，膨大な土地を提供させられているが，それによる経済的取引の多くは，沖縄以外の日本企業によってなされているのである．

こうした問題に加えて、基地の存在は次のようなマイナスの影響を地域経済にもたらしている。第1は、長年にわたり、沖縄の人々の意思に反し、かつ広大な土地を基地が占有し続けていることによる膨大な機会費用である．それは久場政彦がいう「オポチュニティ・ロス（機会喪失）」[27]というべきものである．

嘉手納飛行場、普天間飛行場などがある本島中部は、肥沃な農地であった．また、戦後の地域別人口の推移をみると、那覇市の人口が復帰間もない80年頃から30万人でほぼ頭打ちであったのに対し、中部地域の人口は1970年国勢調査で31万7539人から、2010年は59万7195人と、2倍近い人口増を示している[28]．これだけの人口が集中する地域の4分の1を2つの巨大な飛行場をはじめとする米軍基地が長年占有しているのである．

その機会費用の大きさについて、近年、具体的に明らかになりつつある．例えば、沖縄県基地対策課は、本島中南部圏における返還跡地利用事例のうち、比較的規模が大きく商業活動等の面で地域への効果が大きいと考えられる牧港住宅地区跡地を利用した那覇新都心地区、那覇空軍・海軍補助施設跡地を利用した小禄金城地区、メイモスカラー射撃訓練場跡地およびハンビー

表 2-9 那覇新都心地区における経済効果

			プラスの効果			マイナスの効果	
		経済効果項目		累積額(億円)	1年あたり(億円/年)	経済効果項目	1年あたり(億円/年)
直接経済効果	整備経済効果	土地区画整理事業費		508.4	29.9	基地整備費	2.9
		その他基盤整備事業費		83.2	4.9		
		公共施設建設費		540.7	31.8		
		民間施設建設費		1,037.2	60.7		
	活動経済効果	商業活動	卸・小売売上高	18,024.9	213.6	基地関連所得(日本人)	29.2
			飲食店売上高		96.3	基地関連消費支出	15.8
		サービス業売上高			298.2	基地関連市町村収入	3.6
	直接経済効果合計			20,189.4	735.4	直接経済効果合計	51.5
経済波及効果	経済波及効果整備による経済波及効果(1次効果+2次効果)	県内最終需要額		2,147.1	126.3		
		生産誘発額		3,634.7	213.8		
		所得誘発額		1,171.8	68.9		
		税収増	市税	101.9	6.0		
			県税	45.5	2.7		
			国税	133.4	7.8		
	経済波及効果整備による経済波及効果(1次効果+2次効果)	県内最終需要額		12,524.2	407.1	県内最終需要額	33.3
		生産誘発額		20,314.4	660.4	生産誘発額	54.8
		所得誘発額		5,597.4	182.0	所得誘発額	16.8
		税収増	市税	893	29.0	税収増 市税	1.6
			県税	365.9	11.9	県税	0.9
			国税	1,712.2	55.7	国税	3.6
	生産誘発額計			23,949.1	874.2		

注) 1.「整備経済効果」及び「整備による経済波及効果」については過去の累積額.
2.「活動経済効果」及び「活動による経済波及効果」については使用収益開始後15ヵ年 (1999-2013年) の累積額.
出所) 沖縄県知事公室基地対策課『駐留軍跡地利用に伴う経済波及効果等検討調査報告書』2007年3月, より.

飛行場跡地を利用した北谷町桑江地区および北前地区の3事例を取りあげて,基地に占有されていた時代と返還後に利用がなされてからの地域経済への影響を比較している[29]. 表 2-9 は,このうち那覇新都心地区の経済効果をみたものである. それによると,返還前の直接経済効果としては基地関連所得(軍用地料や軍雇用者所得) 29.2 億円, 基地関連消費支出(米軍等への財サービスの提供) 15.8 億円, 基地関連市町村収入 3.6 億円, 基地整備費 2.9 億

円で，総額で年間51.5億円程度であった．また，それらが生み出していた経済波及効果は，生産誘発額54.8億円/年，所得誘発額16.8億円/年，税収額6.2億円/年と推計されていた．これに対し，返還後の区画整理事業などによる整備と活動にともなう直接経済効果が735億円/年，その経済波及効果が874億円/年，所得誘発額251億円/年，税収113億円/年となっている．このように，那覇市や北谷町などで返還跡地の利用実績が明らかになるに伴い，基地の存在がいかに地域経済の阻害要因になっているかが，改めて多くの人々の共通認識となっている[30]．

　さらに，沖縄県議会も2010年8月に，米軍基地がある故の経済波及効果とすべての基地が返還された場合の波及効果を検証した[31]．この検証では，基地がある故の効果に，国庫補助の嵩上げなど国による政策的な財政移転も含めており，先の県基地対策課の場合よりも多く見込んでいる．それによると，すべての基地が返還された場合の効果は，米軍基地がある故に生じる効果に比べ，1年間で生産誘発額が2.2倍，所得誘発額が2.1倍，雇用誘発者数が2.7倍になるというのである．

　いずれにしろ，那覇新都心地区などの実績や，今後の返還予定地で見込まれる推計値など，いずれも基地に占有されている場合と比べて，多大な効果があることは間違いなく，広大な基地がいかに莫大な機会費用をもたらしているかが，改めて確認できるであろう．さらに，同じく経済効果とはいっても，基地関係のそれと跡地利用の結果としてもたらされるものとは，質的にまったく異なることも改めて強調しておきたい．繰り返し強調したように基地関係のそれは「他人の労働による年間生産物の一部」にすぎず，またその多くは日本政府の政治的思惑による財政支出を源としており，沖縄の人々や自治体には，まったく裁量権がない，いわば'施し'にすぎない．それに対し，跡地利用による経済効果は，自らの意思でおこなったまちづくりや地域づくりによって人や事業所が集まり経済活動をおこなった成果であり，自治体にもたらされる収入も課税権を行使した成果である．その質的相違からして，両者を比較すること自体がまったく意味を持たないともいえる．

第2のマイナスは，基地の運用がもたらす，騒音などの環境破壊，米軍人や関係者による犯罪などである．騒音に限って述べると，嘉手納町基地渉外課が調査した2011年度1年間の嘉手納飛行場からの午後10時から午前6時までの深夜早朝の騒音発生回数（70デシベル以上）によると，滑走路に近い屋良地区で過去最高の5175回を記録した．1996年に日米が合意した騒音防止協定は，深夜早朝間飛行とエンジン調整などの地上活動は「米軍の運用上の所要のために必要と考えられるものに制限」され，夜間訓練飛行も最小限にするよう明記しているが，08年以降，夜間早朝の騒音は嘉手納・屋良地区ともに年3千回を超え，11年度は嘉手納地区でも4986回を記録している．つまり屋良地区では一夜に平均15回，嘉手納地区で同14回の騒音が発生しているのである[32]．また，宜野湾市の中心部に位置する普天間飛行場周辺の住民404人が原告となって2002年に提起した普天間爆音訴訟の08年の一審判決では，飛行差し止めは棄却したものの，騒音の違法性を認めて国に約1億4千万円の損害賠償を命じた．10年の控訴審判決においても飛行差し止めは棄却したが，国には3億6千万円の損害賠償を命じた．そして2012年3月末に提起された第2次訴訟では，原告数は3129人に増加している．また，普天間飛行場周辺には普天間第二小学校・沖縄国際大学をはじめとする多数の文教施設が立地しており，平穏な環境で授業を受ける権利が日常的に侵されているのである[33]．

　第3のマイナスは，環境の悪化による住民の流出や米軍人・軍属の基地外居住増加による地域社会の崩壊である．嘉手納飛行場を離発着する戦闘機の飛行ルートに当たるため騒音被害の激しい北谷町砂辺区は，爆音の激しさに耐えかねて国に土地を売って集落を出て行く住民が相次いでいる．その面積は砂辺区の6.6%にあたるが，埋め立て地や崖地などを除く集落に限ると，5分の1程度が国に買い上げられているという[34]．その北谷町は，2011年3月末現在の米軍人等の基地外居住者が4004人と，沖縄市4250人に次いで多く，この2市町で，沖縄県全体の基地外居住者1万4844人の半分以上をしめている．また北谷町人口に占める割合は15%近くにもなる．ちなみに，

2004年3月末現在の沖縄県全体のそれは7847人，沖縄市2258人，北谷町2049人であり，この7年間で2倍近くに増加しているのである[35]．前章で述べたように，日米地位協定にもとづいて米軍人・軍属は住民税など地方税をすべて免除されている．次章でのべる基地交付金によって一部補塡されているとはいえ，租税を負担しない米軍人などの増加は自治体行政に大きな負担となっているのである[36]．

おわりに

敗戦後の混乱期の沖縄経済は，基地が存在することによってもたらされる，物資の調達，建設工事等の発注，雇用等の比重が高かったことから，「基地依存経済」といわれた．1972年の復帰以降，その比重は大きく減少した．しかし，本島中部の人口集中地域に2つも巨大な飛行場が残存するなど，米軍基地の存在は沖縄経済に無視できない影響を及ぼしてきた．しかし，基地はそれ自体が，何らかの付加価値をもたらす経済活動の主体ではない．とくに在日米軍基地の存在がもたらす「経済効果」の多くは，思いやり予算や軍用地料など，日本政府の政治的思惑に左右される財政支出によってもたらされるものであった．

他方，牧港住宅地区跡地やハンビー飛行場跡地などの利用実績があがってくることによって，基地の存在がいかに地域経済の障害になっているかが改めて明らかになっている．

沖縄県が2012年5月に策定した『沖縄21世紀ビジョン基本計画』（「沖縄振興計画」2012年度～21年度）では，過度に集中する基地を「沖縄振興を進める上で大きな障害」と明記した．もはや，沖縄が基地に依存しているのではなく，基地が沖縄に依存しているのである．基地によって沖縄は膨大な「機会費用」ないしは「機会喪失」を被っていることからして，基地に寄生されていると言うべきではないだろうか．

注

1) 西谷修「接合と剥離の四〇年」『世界』第831号, 2012年6月, 102頁.
2) その経過は, NHK取材班『基地はなぜ沖縄に集中しているのか』NHK出版, 2011年, を参照.
3) この点については, 嘉手納町『嘉手納町と基地』2010年, を参照.
4) 以下は, 来間泰男『沖縄経済の幻想と現実』日本経済評論社, 1998年, 沖縄県知事公室基地対策課『沖縄の米軍基地』2008年, を参照した.
5) 正式名称は「日本国とアメリカ合衆国との間の相互協力及び安全保障条約第6条に基づく施設及び区域並びに日本国における合衆国軍隊の地位に関する協定の実施に伴う土地等の使用等に関する特別措置法」という.
6) 新崎盛暉『沖縄・反戦地主』高文研, 1995年, を参照.
7) 代理署名拒否に関する沖縄県の考え方については, 大田昌秀『沖縄は訴える』かもがわ出版, 1996年, 沖縄県『沖縄 苦難の現代史』岩波書店, 1996年, などを参照.
8) 沖縄に関する諸施策の集権化については, 島袋純「沖縄の自治の未来」宮本憲一・川瀬光義編『沖縄論―平和・環境・自治の島へ―』岩波書店, 2010年, を参照.
9) 詳細な経緯は, 前掲『防衛施設庁史』, 109-115頁, を参照.
10) 佐藤首相の発言と以上の経緯については, NHK取材班, 前掲書, 66-71頁, を参照.
11) 返還交渉をすすめた日本政府の方針が「核抜き・本土並み」であった. これによって沖縄の人々は, 「本土並み」に基地が縮小することを期待したのであるが, 「外務省は, 「本土並み」返還を, 既存の日米安保条約を「本土並み」に沖縄へ適用することとして位置づけた. つまり政府見解における「本土並み」とは, 沖縄の基地負担を「本土並み」に軽減するという意味ではなく, 法的に沖縄と本土を一元化させるという意味であった」のである(中島琢磨『高度成長と沖縄返還』吉川弘文館, 2012年, 185頁).
12) 以下は, 沖縄県知事公室基地対策課『沖縄の米軍及び自衛隊基地(統計資料集)』各年, による.
13) 復帰時に基地をどう扱うかについては, 返還協定の了解覚書として1971年5月17日に公表されたリストで, A表(復帰後も引き続き米軍に提供), B表(A表のうち復帰後に日本に返還), C表(復帰前または復帰の時点で返還)に区分されていた. このうちB表のほどんどが自衛隊に引き継がれた. この点については「「屋良朝苗日記」に見る復帰(21)」『琉球新報』2012年7月27日付, による. また, 沖縄県経営者協会の安里昌利会長は, 新たな沖縄振興計画に掲げる国際物流拠点づくりについて, 「海(港)のハブ化も実現させたい. バックヤードが必要で倉庫機能や商談会ができるように陸上自衛隊基地の部分返還も実現したい」と述べた(「陸自那覇基地返還を」『琉球新報』2012年7月12日付). この発言は,

自衛隊の存在も，沖縄経済にとって制約要因となっていることを示唆している．
14) Adam Smith, *An Inquiry into The Nature and Causes of The Wealth of Nations,* fifth editon（山岡洋一訳『国富論』日本経済新聞社，339 頁，350 頁）．フリードリヒ・エンゲルスも軍事の非生産性について「暴力，それは今日では陸軍と海軍である……暴力は金をつくりだすことはできず，せいぜいすでにつくりだされている貨幣を取りあげるだけである」と述べている（『反デューリング論』国民文庫，328 頁）．
15) 以上は，沖縄県知事公室基地対策課『沖縄の米軍及び自衛隊基地（統計資料集）』2013 年 3 月，による．なお県民経済計算では，基地は県外扱いとなっているため，この「米軍等への財・サービスの提供」は，概念的には「観光収入」と同じ扱いとなり，「移（輸）出」に含まれるのである．また，基地内の商業施設の充実により，米軍人・軍属の基地外での家計消費支出は減少傾向にあるという（琉球新報社編『ひずみの構造　基地と沖縄経済』琉球新報社，2012 年，24-26 頁）．
16) 前泊博盛は，復帰前 10 年間の沖縄の失業率は，日本のそれより低く，復帰後に日本の倍の水準になっているという推移から「失業率と数字の推移で検証するならば，沖縄経済の最大の課題となっている「高失業率」は，実は本土復帰によって沖縄にもたらされている」のであり，それは「沖縄が「基地依存型経済」と認識しながら，受け皿もないままに復帰とともに基地従業員を大量解雇するという，政府による「沖縄復帰プログラム」の失政，失敗」によると指摘している（前泊博盛「40 年にわたる政府の沖縄振興は何をもたらしたか」『世界』第 831 号，2012 年 6 月，117-118 頁）．
17) こうした諸点を含む，基地従業員の雇用環境をめぐる諸問題については，琉球新報社編，前掲書，53-70 頁，を参照．また，2010 年度の応募者数は，駐留軍等労働者労務管理機構『2010 事業年度業務実績報告書』2010 年 6 月，による．
18) これら「軍雇用者所得」と「軍用地料」は，県民経済計算上は，県民が県外で得た雇用者所得や投資収益などを示す「県外からの所得」に分類され，したがって「県民総所得」には含まれるが，「県内総支出」には含まれない．
19) 沖縄県知事公室基地対策課『沖縄の米軍基地』2008 年，より．
20) 軍用地料の高水準については，来間泰男『沖縄経済の幻想と現実』日本経済評論社，1998 年，同『沖縄の米軍基地と軍用地料』榕樹書林，2012 年，を参照．
21) 沖縄県企画部『経済情勢』2012 年度版，より．
22) 「軍用地売買 3.4％県外へ」『琉球新報』2011 年 1 月 19 日付．
23) 1996 年度に上昇しているのは，2007 年から推計方法が変更され，新たな方法が 96 年度まで遡及推計されたことによる．
24) 沖縄県企画部統計課『在沖米軍統計（資料集）』2007 年 3 月，より．
25) 以上は，琉球新報社編，前掲書，41-49 頁，による．
26) 「西松建設 2 年連続トップ」『琉球新報』2011 年 11 月 15 日付．

27) 「もしこれらの土地が占領されずにあれば，戦後半世紀の間には多くの平和産業や住宅・文化施設が建設され，その上で，たとえ物質的裕福さは小さくても，爆音や米軍人などの犯罪に侵されることなく憲法25条の保障する「すべて国民は，健康で文化的な最低限の生活を営む権利を有する」を享受できたであろう貴重な「機会」を喪失してきている」(久場政彦「沖縄経済の持続的発展について」宮本憲一・佐々木雅幸編『沖縄　21世紀への挑戦』岩波書店，2000年，37頁).
28) 沖縄県企画部『経済情勢』2012年度版より.
29) 以下は，沖縄県知事公室基地対策課が野村総合研究所等に委託調査した報告書『駐留軍跡地利用に伴う経済波及効果等検討調査報告書』2007年3月，による.
30) これら跡地利用を批判的に検証したものに，真喜屋美樹「米軍基地の跡地利用開発の検証」宮本憲一・川瀬光義編『沖縄論』岩波書店，2010年，同「返還軍用地の内発的利用」西川潤・本浜秀彦・松島泰勝編『島嶼沖縄の内発的発展』藤原書店，2010年，がある.
31) 以下は，沖縄県議会『米軍基地に関する各種経済波及効果』2010年8月，による.
32) 以上は，「深夜早朝の騒音最多」『琉球新報』2012年5月3日付.
33) その危険性については，黒澤亜里子編『沖国大がアメリカに占領された日　8・13米軍ヘリ墜落事件から見えてきた沖縄/日本の縮図』青土社，2005年，渡辺豪『私たちの教室からは米軍基地が見えます』ボーダーインク，2011年，などを参照.
34) 以上は，琉球新報社編，前掲書，38-41頁，による.
35) 以上は，前掲『沖縄の米軍及び自衛隊基地（統計資料集）』，による．なお，2012年3月末現在の基地外居住者数は，アメリカ側の意向により公表されていない．琉球新報社による防衛省関係者などへの取材で明らかになったところによると，12年3月末の基地外居住者は1万6524人で，前年同期に比べて1680人増加している．北谷町は531人増加して4535人，沖縄市は204人増加して4454人であるという．以上は，「基地外居住増1.6万人」『琉球新報』2013年8月5日付，による.
36) 基地外居住の実態については，友知政樹「在沖米軍人等の施設・区域外居住に関する一考察」沖縄国際大学『経済論集』第5巻1号，2009年3月，同「在沖米軍人等の施設・区域外居住に関する一考察（2）」沖縄国際大学『経済論集』第6巻2号，2010年3月，を参照.

第3章
基地と自治体財政

はじめに

　米軍基地の立地にともない，どんなに多くの米軍人，軍属，家族が集まり，活動し，所得を得ようとも，当該地域自治体への直接の財政収入はまったくと言ってよいほど生じない．なぜなら，すでに述べたように，日米地位協定によって，米軍関係者は，一切の公租公課を免除されているからである．この点は，同じく基地とはいっても自衛隊基地と決定的に異なる．

　こうした財政収入の欠如を補塡するべく，また基地の存在による地域経済への負の影響を緩和するべく，日本政府は様々な財政支出をおこなってきた．本章の第1の課題は，こうした基地維持のための財政支出の構造的特徴を，基地と並ぶ迷惑施設である原子力発電所立地自治体のそれと比較して明らかにすることである．

　いずれの場合も，一般財源，特定財源ともに多大な財政収入を当該自治体にもたらす．しかし，その収入の源は異なる．原子力発電所は，それを設置・運営する電力会社に対して課税権を行使して得た収入を源としている．これに対し，経済活動をおこなう主体ではない基地の立地によってもたらされる財政収入は，前章で述べたように「他人の労働による年間生産物の一部」（A. スミス）である租税収入を源としている．こうした違いが，自治体財政にどのような違いをもたらしているかを明らかにすることが，本章の第2の課題である．

1. 伝統的な基地維持財政政策

　序章では日本政府によって基地維持のために多様な財政支出がおこなわれていることを明らかにした．ここではまず，それら財政支出のうちすべての基地所在自治体を対象として長年おこなわれてきた主な施策を取りあげることとしよう．

　第1章で述べたように，米軍関係者がすべての公租公課を免除されているのは，日米地位協定第13条による．

　この第13条を受けた「地位協定の実施に伴う所得税法等の臨時特例に関する法律」「地位協定の実施に伴う地方税法の臨時特例に関する法律」[1]によって，米軍及びその関係者は，所得税，住民税，固定資産税などを免除されている．これは地方自治体の立場からすると，基地の存在によって日常的に多様な被害を被っている上に，さまざまな公共サービスを提供しているにもかかわらず，課税権を行使できないことを意味するのである．

　そこでこうした財政的損失を補填するべく，以下のような措置が講じられてきた．

①国有提供施設等所在市町村助成交付金（助成交付金）

　第1は，1957年に制定された「国有提供施設等所在市町村助成交付金に関する法」にもとづいて支給される交付金である．かつて，この交付金に類似の制度として，官営製鉄所助成金（1919年から33年），市町村助成金（海軍助成金）（1923年から45年），軍関係市町村財政特別補給金（1945年）があった[2]．旧日本軍の解体に伴い，こうした制度はすべて廃止されたものの，代わって駐留することとなったアメリカ軍が所在する自治体において，何らかの財政的損失を補填する措置を求める声が高まった．さらに1956年に施行された「国有資産等所在市町村交付金及び納付金に関する法律」[3]において基地等が対象外とされたことへの批判，内灘村，砂川などでの基地反対運

動の高揚を背景として，この交付金が創設されたのである．

　助成交付金は，固定資産税の代替的性格を基本として，米軍や自衛隊の施設が所在する市町村に対し，使途の制限のない一般財源として交付される．対象となる固定資産は，米軍に使用させている固定資産はすべてであるが，自衛隊が使用する固定資産については，飛行場（航空機の離発着，整備及び格納のために直接必要な施設に限定），演習場（廠舎施設を除く），弾薬庫及び燃料庫の用に供する土地，建物及び工作物に限定されている．配分の方法は，助成交付金予算総額の10分の7に相当する額は対象資産の価格で按分して各自治体に配分し，残り10分の3は対象資産の種類，用途，自治体の財政状況等を勘案して配分されることとなっている[4]．

②施設等所在市町村調整交付金（調整交付金）

　もう1つは，「施設等所在市町村調整交付金要綱」（1970年自治省告示224号）にもとづいて支給される交付金である．これは，沖縄返還が迫った1970年に「沖縄県の米軍基地の多くは民有地であるから，政府が沖縄米軍基地対策として基地交付金制度（助成交付金―筆者）を有効に使うことができない」[5]ことなどを背景として創設されたものである．

　助成交付金が法律補助であるのに対し，調整交付金は上記の自治省告示にもとづく予算補助である．対象となる固定資産は，助成交付金の対象とならない米軍資産である．配分の方法は，調整交付金予算総額の3分の2に相当する額は米軍資産の価格を基礎として各自治体に配分し，残り3分の1は市町村民税の非課税措置等により自治体が受ける税財政上の影響を勘案して配分されることとなっている．

　以上の2つの交付金は「基地交付金」と総称され，基本的に同じ仕組みで配分されている．しかし調整交付金は，米軍基地所在自治体のみが対象となること，そしてすでに述べたように沖縄復帰直前の1970年から実施されていることからして，沖縄対策としての性格が強いといわれている[6]．実際2012年度予算額でみると，助成交付金の総額は267億4000万円で，そのう

ち沖縄県内自治体への交付分は25億6879万円で，総額の10％弱でしかないのに対し，調整交付金の場合は，総額68億円のうち，沖縄には42億7820万円と，総額の3分の2が交付されているのである[7]．

③軍用地料

軍用地料とは，いうまでもなく基地に土地を提供させられていることにともなう借地料である．すでに述べたように，日米安保条約にもとづいて，日本政府は米国に基地を提供する義務を負っている．その義務を履行するに際し，対象地が非国有地の場合，日本政府が土地所有者と賃貸借契約を締結して使用権原を取得し，米軍に提供するという方法を採用している．当該土地が自治体所有地の場合，軍用地料は自治体財政に財産運用収入として計上されるのである．これが沖縄県内の自治体財政にとって大きな意味を有するのは，前章で明らかにしたように，県内所在米軍基地を所有形態でみると，市町村有地が大きな比重をしめているからである．このため，後に述べるように，大量の公有地を基地に提供させられている自治体財政には，毎年莫大な軍用地料収入が計上されるのである．

④「防衛施設周辺の生活環境の整備等に関する法律」（環境整備法）にもとづく財政支出

1953年に制定された「日本国に駐留するアメリカ合衆国軍隊等の行為による特別損失の補償に関する法律」（特損法）は，アメリカ軍の行為によって損失や損害が発生した後の補償制度であった．しかし，補償の対象が農林業，学校教育事業，医療保険事業等の特定の業種を営む者に限られており，基地周辺住民の被害を未然に防止するものではなかった．そこで，行政措置により防音工事，住宅移転の補償などをおこなってきた．1966年に環境整備法の前身である「防衛施設周辺の整備等に関する法律」（周辺整備法）が制定され，行政措置によっておこなってきた様々な措置を法制化することとなった．法制化の意義について，防衛施設庁施設部施設対策課課長補佐であ

った根本武夫は「法案化の動機は何かと言われれば，やはり予算措置だけで周辺対策事業を行うのは「弱い」ということです．地元自治体にとっても単なる予算措置よりは法律に基づく措置の方が色々と心強い訳です」[8]と述べている．

図3-1は，この環境整備法にもとづく財政支出の全体構成を示したものである．それらは，大きく2つに区分される．1つは，基地が存在することによる騒音など生活環境の悪化を防止ないしは軽減するための財政支出である．それは，米軍等の行為による道路の損傷，河川の洪水や土砂流出の被害，電波障害などの被害を防止・軽減するための工事費の全部または一部を補助する「障害防止工事の助成」（3条1項），学校など公共施設の防音工事費用の全部または一部を補助する「学校等騒音防止工事の助成」（3条2項），第1種区域（WECPNL値[9]75以上）に所在する住宅の防音工事費を助成する「住宅防音工事の助成」（4条），第1種区域のうち，特に人が居住するに好ましくないとして防衛大臣が指定する区域（第2種区域，WECPNL値90以上）への指定の際，現に所在する建物，立木竹等について，その所有者が第2種区域以外のところへ移転または除去する場合に，その者に補償する「移転補償等」（5条）などである．2011年度の沖縄県における基地周辺整備事業（後に述べる特定防衛施設周辺整備交付金を除く）は4625件，事業費112億3790万円であるが，うち個人向けが事業費では60億4679万円と54％ほどを，件数では個人の住宅防音が4446件と大半をしめているのである[10]．

自治体財政への影響という点で，より大きな意味を有するのが，もう1つの基地所在自治体の公共施設整備のための特別な補助金である．まず「民生安定施設の助成」（第8条）がある．これは，地方自治体が，表3-1に示したような道路，児童養護施設，養護老人ホーム，消防施設などの生活環境施設，または農林漁業用施設，港湾施設用地など事業経営の安定に寄与する施設を整備する場合，他の自治体より高い補助率を適用するものである．沖縄の補助率は，附則によって「全部または一部」とされている．実際，表3-1

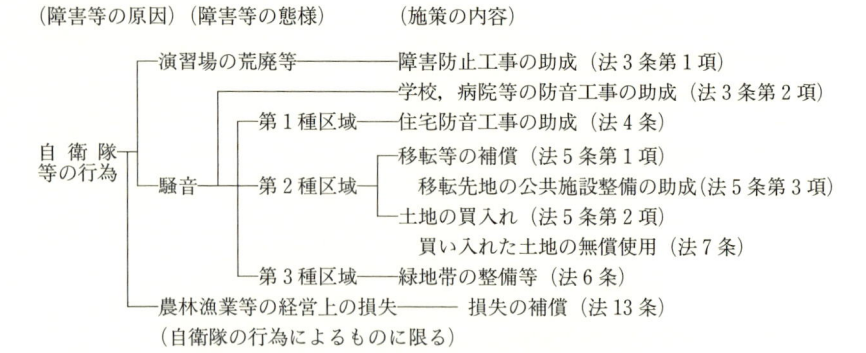

```
(障害等の原因) (障害等の態様)      (施策の内容)
          ┌─演習場の荒廃等─────障害防止工事の助成（法 3 条第 1 項）
          │          ┌────学校，病院等の防音工事の助成（法 3 条第 2 項）
          │          ├─第 1 種区域─住宅防音工事の助成（法 4 条）
自 衛 隊    │          │       ┌移転等の補償（法 5 条第 1 項）
等の行為  ─┼─騒音──┼─第 2 種区域─┤移転先地の公共施設整備の助成（法 5 条第 3 項）
          │          │       ├土地の買入れ（法 5 条第 2 項）
          │          │       └買い入れた土地の無償使用（法 7 条）
          │          └─第 3 種区域─緑地帯の整備等（法 6 条）
          └─農林漁業等の経営上の損失───損失の補償（法 13 条）
           （自衛隊の行為によるものに限る）

防衛施設の ┌─生活または事業活動の阻害  民生安定施設の整備の助成（法 8 条）
設置・運用 └─生活環境又は開発に及ぼす影響 特定防衛施設関連市町村
                                  特定防衛施設周辺整備調整交付金の
                                  交付（法 9 条）
```

注）駐留軍の行為による農林漁業等の経営上の損失については「日本国に駐留するアメリカ合衆国軍隊等の行為による特別損失の補償に関する法律」（1953 年法律第 246 号）による損失の補償をおこなっている．
出所）沖縄市企画部基地政策課『2010 年度基地対策』より．

図 3-1 「防衛施設周辺の生活環境の整備等に関する法律」にもとづく施策

に明らかなように一部の施設の補助率はさらに嵩上げされ，なかでも沖縄県がおこなう道路，漁業用施設の一部，港湾施設用地は「全部」つまり 10 割補助が認められている．

しかし，先の障害防止工事の助成などは因果関係が明白であるのに対し，基地の存在とこれら公共施設の整備に特別な補助をすることとがどのように関連するのかは，明確ではない．これは前身の周辺整備法に盛り込まれたのであるが，その国会審議においては「間接的に，具体的にその原因に直ちにはつながらないにしましても，その周辺の苦しみを若干でもやわらげたいという意味」[11]（傍点は筆者）と説明されているにすぎない．つまり政府自身も，明確に因果関係を認めているわけではない．「苦しみを若干でもやわらげたい」というが，公共施設を整備することが，なぜやわらげることになるのか，明確な説明はされていないのである．

これに加えて，「特定基地という名称での重要基地とその確保のための財

表 3-1 民生安定施設の範囲及び補助率

補助に係る施設	補助率(沖縄)	補助率(沖縄以外)
有線ラジオ放送業務の運用の規正に関する法律第2条に規定する有線ラジオ放送の業務を行うための施設	10分の8	10分の8
道路(農業用施設及び林業用施設であるものを除く)	10分の10	10分の8
児童福祉法第41条に規定する児童養護施設	10分の7.5	10分の7.5
保健師助産師看護師法第21条第2号に規定する看護師養成所又は同法第22条第2号に規定する准看護師養成所	10分の7.5	10分の7.5
電波法第2条第4号に規定する無線設備及びこれを設置するために必要な施設	10分の7.5	10分の7.5
老人福祉法第20条の4に規定する養護老人ホーム又は同法第20条の6に規定する軽費老人ホーム	10分の7.5	10分の7.5
消防施設強化促進法第3条に規定する消防施設	3分の2	3分の2
公園, 緑地その他の公共空地	3分の2	3分の2
水道法第3条第1項に規定する水道	3分の2	10分の6
有線放送電話に関する法律第2条第2項に規定する有線放送電話業務を行うための施設施設	3分の2	10分の5.5
し尿処理施設又はごみ処理施設	3分の2	10分の5
老人福祉法第20条の7に規定する老人福祉センター	防衛大臣が定める額	防衛大臣が定める額
一般住民の学習, 保育, 休養又は集会の用に供するための施設(学校の施設を除く)	防衛大臣が定める額	防衛大臣が定める額
港湾法第2条第5項第11号に規定する港湾施設用地	10分の10	10分の7.5
農業用施設, 林業用施設又は漁業用施設	10分の8又は10	3分の2
その他防衛大臣が指定する施設	10分の7.5	10分の7.5

注) 沖縄特例の対象となる道路, 漁業用施設, 林業用施設は条件がついている.
出所) 「防衛施設周辺の生活環境の整備等に関する法律施行令」より作成.

政措置」[12]である,「特定防衛施設周辺整備調整交付金」(9条)を新たに盛り込んだ環境整備法が1974年に制定された.先に紹介した根本武夫は「周辺整備法との違いと言えば「9条交付金」を盛り込んだことで,他の内容は周辺整備法を踏襲している……この「9条交付金」の制度化は画期的で,地元対策の幅もずいぶん広がったと思います」[13](傍点は筆者)と,環境整備法制定の目玉が,9条交付金であると述べている.

ではなぜ新たな措置が必要となったのだろうか？　この点について『防衛施設庁史』では「防衛施設周辺の都市化の進展，防衛施設と地域開発計画との競合，公害問題及び生活環境保全に対する国民の意識の向上等の防衛施設周辺の整備等を取り巻く事情の変化があり，その結果，周辺整備法に基づく措置のみでは，防衛施設の設置・運用とその周辺地域社会との調和を保つことが困難となった」[14]と述べられている．「防衛施設の設置・運用とその周辺地域社会との調和を保つことが困難」な事情の1つが，第1章で述べた，当時の基地維持政策の最大の課題であった関東計画の実施であった．元防衛事務次官で，環境整備法の作成にも携わった守屋武昌によると，「関東移設計画の実施によって首都圏から多くの基地が返還され，首都圏では米軍基地問題が社会問題化することはなくなった」[15]というのである．他方，長坂強政府委員が「横田の問題というものが，この法律のいわゆる牽引車になったことは事実」[16]とも述べていることに示されるように，負担が増える横田飛行場周辺自治体に対する新たな財政措置が必要となったのである[17]．

では，既存の「民生安定施設の助成」に加えて新たな財政措置をおこなうことについて，どのように説明されていたであろうか？

環境整備法の審議において，しばしば論点となったのが，第1条において「設置若しくは運用による生ずる障害の防止等のため」と旧法にはない「設置」という2文字が挿入されたことの意味合いをめぐってであった．これについて当時の防衛施設庁長官田代一正は次のように説明している．

「現在の周辺整備の諸施策の中で欠けている問題は，従来は基地の運用ということに主として着目してまいった．ところが現実には，基地が存在するということによっても，大きな不満，不平というものが残っているであろうということで，特に第9条でその考え方を出している……基地の運用に伴ういろいろなその他の公害的な現象のほかに，基地が存在する，たとえばある行政区画の中でその大半を基地が占めている，したがって，村づくり，町づくりということも意にまかせないことがある，そういったいろいろな苦情と申しますか，ご要望と申しましょうか，そういうことを踏まえて，この考え

方を出した」(傍点は筆者)[18]と.

　基地の「存在」による「大きな不満,不平」が根拠というのであるが,具体的にどのような被害があるかが説明されているわけではない.このように根拠が不明確で,根本武夫がいう「地元対策」の幅を広げるための9条交付金は,「民生安定施設の助成」との違いを明確にするために,次のような特異な配分方法が採られているのである[19].

　第1に,対象となる防衛施設及び周辺市町村を防衛大臣が指定することである[20].従前の施策は,すべての基地と関係自治体が対象となるのに対し,この9条交付金は対象施設と自治体を防衛大臣の裁量で選別し指定することとなっている.対象となる施設については,①ターボジェット発動機を有する航空機の離陸または着陸が実施される飛行場,②砲撃または航空機による射撃若しくは爆撃が実施される演習場,③港湾,④その他政令で定める施設,と規定されている.④の政令は,大規模な弾薬庫,市街地又は市街化しつつある地域に所在する防衛施設で,その面積がその所在する市町村の面積に占める割合が著しく高いもの,となっている.この法律の制定を受けて1975年3月に53の「特定防衛施設」,94の「特定防衛施設関連市町村」が指定された.沖縄では2011年度において,14施設,18市町村が指定をうけている.

　第2に,その配分方法である.まず交付金の予算額の70%から100%の範囲内で防衛大臣が定める割合を乗じて得た額を普通交付額とする.その普通交付額について,4分の1を関連市町村にある特定防衛施設の面積及びその面積が当該市町村の面積に占める割合を基礎として定めた面積点数により,他の4分の1を関連市町村の人口等を基礎として定めた人口点数により,残り2分の1を防衛施設の種類別に飛行機の種類及び飛行回数等の運用の態様を基礎として定めた運用点数により,それぞれ按分比例して各特定防衛施設関連市町村に配分するというのである[21].

　第3に,対象となる事業について,8条の民生安定施設の助成の場合は,先の表3-1に示したように対象施設と補助率を明記しているのに対し,①交

通施設及び通信施設，②スポーツ又はレクリエーションに関する施設，③環境衛生施設，④教育文化施設，⑤医療施設，⑥社会福祉施設，⑦消防に関する施設，⑧産業の振興に寄与する施設，と 8 種類の分野を明記しているだけである[22]．つまり，上記の方法で配分された交付金を活用して，自治体が対象施設を整備することを申請するのであるが，その際に整備費用のうちどれだけをこの交付金で充当できるかについては制限がない．したがって補助対象施設の整備費用の全額をこの交付金でまかなうことも可能となっているのである．

これは，上記の 8 分野を対象とするいわば「一括交付金」と言ってよく，受け入れ自治体にとって格段に使い勝手がよいといえる．とくに，沖縄のような高率補助が適用されない沖縄以外の基地所在市町村にとっては魅力的であろう．実際，岩国市 HP に公開されている，2011 年度までの実績をみると，8 条関係は 337 億円の事業費に対し補助金額は 160 億円で，補助率は半分ほどであるが，9 条関係は 117 億円の事業費に対し補助金額は 109 億円と，事業費のほとんどをこの交付金で賄っているのである．

この 9 条交付金の趣旨について，環境整備法の審議において，先の田代一正は「第 8 条のような個別の障害対応というものの考え方では十分に押し切れないというために第 9 条を考えた」[23]と述べている．それ故，防衛施設庁の立場からみると，先に述べたように「地元対策の幅」が広がるということとなるのであろう．

2. 原子力発電所立地自治体との比較

以上の 4 種類に，米軍から返還された旧施設及び区域内の道路で，現状に回復することが不適当と認められるものを公道とするために市町村が当該道路敷地を買い入れるのに要する経費を補助する「返還道路整備事業費補助金」などを加えて，一般に基地関係収入といわれている．このうち，助成交付金，調整交付金，軍用地料は一般財源であるのに対し，環境整備法にもと

づく収入は，使途が限定された特定財源である．

　2011年度において，沖縄県内41市町村のうち，米軍基地及び自衛隊基地が所在する市町村は9，米軍基地のみが所在する市町村は12，自衛隊基地のみが所在する市町村は4で，計25市町村に基地が所在している．表3-2は，同年度において基地関係収入が概ね10億円を超えるか，歳入総額にしめる割合が概ね10%をこえる自治体の基地関係収入の状況を示している．絶対額でみると，嘉手納飛行場がある沖縄市が30億円を超え，恩納村，宜野座村，金武町，嘉手納町，そして普天間飛行場撤去の条件としての新基地建設予定地を有する名護市が20億円を超えている．また，歳入総額にしめる基地関係収入の割合が高い自治体をみると，宜野座村34.1%をはじめ，恩納村31.0%，金武町26.9%と，北部の町村に集中していることがわかる．

　財産運用収入をみると，名護市19億円，金武町18億円，宜野座村18億円，恩納村16億円と北部4市町村に多く計上されている．これに対し，基地交付金は沖縄市13億円，嘉手納町9億4千万円，北谷町8億7千万と，中部地域の自治体に多く計上されていることがわかる．これは，仲地博が指摘するように「広大な演習場が中心である北部基地と飛行場，弾薬庫等が中心である中部基地の性格に由来」[24]するものである．

　一般財源である基地交付金と財産運用収入が，いかに多額であるかは，これら自治体の経常一般財源比率（経常一般収入額を標準財政規模で除した数値）の高さに表れている．その2011年度県内平均は，100.6%であるが，それを上回っているのは宜野座村149.7%，金武町136.7%，恩納村130.7%，嘉手納町133.6%，北谷町111.2%，読谷村105.0%，沖縄市102.7%，名護市103.4%と，すべてこの表に掲げられている自治体なのである[25]．

　さて表3-3は，表3-2で基地関係収入の比重が34.1%と最も高い値を示していた宜野座村と，浜岡原子力発電所が5基立地している（うち1・2号機は廃炉が決定）静岡県御前崎市の2011年度の主な歳入を比較したものである[26]．これをみると，迷惑施設立地の「代償」として過分な財政収入を得ているのは同じであるが，その内訳について次のような違いを読みとること

表 3-2　主な自治体の基地関係収入（2011 年度）

(単位：千円)

	環境整備法	基地交付金	財産運用収入	その他	合計	歳入総額比
那覇市	161,452	295,182	100,594	44,853	602,081	0.5%
うるま市	467,715	553,691	297,031	129,491	1,447,928	3.0%
宜野湾市	246,585	512,173	120,903	283,872	1,163,533	3.5%
浦添市	175,560	533,201	0	209,519	918,280	2.4%
名護市	699,415	260,426	1,956,454	400	2,916,695	8.9%
沖縄市	931,319	1,333,626	1,034,480	199,521	3,498,946	6.8%
恩納村	578,000	52,339	1,630,782	130,058	2,391,179	31.0%
宜野座村	155,657	108,890	1,833,579	335,785	2,433,911	34.1%
金武町	288,155	502,198	1,876,684	199,358	2,866,395	26.9%
伊江村	1,203,914	0	0	5,436	1,209,350	14.0%
読谷村	430,691	292,717	544,487	37,223	1,305,118	9.9%
嘉手納町	692,124	937,060	422,393	26,180	2,077,757	26.3%
北谷町	499,557	872,346	223,764	25,189	1,620,856	10.3%
合計	7,295,246	6,755,268	10,155,340	1,688,510	25,894,364	4.1%

注)　合計には，この表に示していない基地関係収入がある 17 市町村分も含む．
出所)　沖縄県知事公室基地対策課『沖縄の米軍及び自衛隊基地（統計資料集)』2013 年 3 月，より作成．

ができる．

　第 1 に，地方税のしめる割合が，御前崎市は 52.4% と過半をしめているのに対し，宜野座村は 7.4% にすぎない．これは，原子力発電所にかかわる最大の収入源が固定資産税の償却資産分であるのに対し，軍用地料は財産収入に，基地交付金は国庫支出金に計上されているからである．償却資産に対する課税の一部は，大規模償却資産の特例として県の収入となるが，このほかにも県・市民税，県の事業税なども発生する．さらに，県の法定外税として，発電用原子炉への核燃料の挿入を課税客体とする核燃料税もある[27]．このように，原子力発電所立地にともない多様な税収入が発生するものの，原子力発電所は事故や定期点検等で停止することが多いので，必ずしも安定した税源とはいえない．そして最大の税源である固定資産税償却資産分は，減価償却により着実に減少していくのである[28]．

　他方，基地所在自治体の 2 種類の基地交付金は，すでに述べたような方式であらかじめ確保された総額を該当自治体に配分するのであるが，その総予

表 3-3 宜野座村・御前崎市の主な歳入
(2011 年度)
(単位：百万円)

	宜野座村		御前崎市	
	決算額	構成比	決算額	構成比
地方税	530	7.4%	9,184	52.4%
地方譲与税	35	0.5%	266	1.5%
普通交付税	1,231	17.2%	962	5.5%
国庫支出金	1,076	15.1%	2,588	14.8%
財産収入	1,851	25.9%	59	0.3%
地方債	181	2.5%	30	0.2%
歳入総額	7,145	100.0%	17,519	100.0%

出所）宜野座村，御前崎市決算カードより作成．

算額は両者とも，固定資産税の評価替えにあわせて3年ごとにおおむね10億円ずつ増額している（表0-1）．また軍用地料も，前章で述べたように全国的な地価動向と無関係に年々着実に増加している．

　第2に，地方税収入が多くをしめる御前崎市は，2011年度財政力指数が1.26といわゆる「富裕団体」で，地方交付税の不交付団体である．表3-3によると，普通交付税が歳入の5.5%をしめているが，これは旧浜岡町と旧御前崎町が合併し2006年度に御前崎市が発足したことにともなう合併算定替によるものである．ちなみに，合併前年の2005年度旧浜岡町の財政力指数は1.40，旧御前崎町のそれは0.63であった．他方，宜野座村は財産収入だけで歳入総額の4分の1を超え，すでに述べたように経常一般財源比率が100%を大きく上回っているにもかかわらず，財政力指数は0.32であるために，歳入総額の17.2%をしめる普通交付税収入を得ているのである．これは基地交付金，軍用地料ともに一般財源であり，かつ地方交付税の基準財政収入額算定の対象外となっていることによるものである．基地交付金に類する財源補塡的性格を有する交付金としては，ほかに「国有資産等所在市町村交付金」がある．これは，国等が所有する固定資産のうち，国等以外の者が使用する固定資産（貸付資産），空港の用に供する固定資産，国有林野など収益的な事業の資産については，国に固定資産税相当の交付金を負担させて

いるものである．しかしこの交付金は税類似のものとして，基準財政収入額算定の対象となる．他方，「迷惑料」[29]的に交付される基地交付金は，算定の対象外とされているのである[30]．

このように，基地所在自治体が得られる一般財源は，これまでの実績を見る限りでは総額では減少していないという点，そしてどんなに増えても税収ではないので財政力の向上にはつながらないので，地方交付税のうちの普通交付税は減額されない点，これらのことからして，原子力発電所所在自治体と比べても，「優遇」されているようにみえる．しかしこれら収入はいずれも自治体にはまったく裁量権がないことを改めて強調しておきたい．軍用地料が計上される財産収入は，本来なら「自主財源」のはずであるが，政治価格というべきその賃貸料の決定方式は，決して「自主」的とはいえない．また，助成交付金の10分の7，調整交付金の3分の2は，対象資産の価格にもとづいて配分されるが，その資産に対する自治体の評価権はない．ましてや，助成交付金の残り10分の3，調整交付金の3分の1に至っては明瞭な配分基準は設けられていないのである[31]．

環境整備法9条にもとづく施設整備に対する交付金に相当する，原子力発電所所在自治体を対象とするそれは，電源開発促進税法など電源三法にもとづくさまざまな交付金である．その中核をなす「電源立地促進対策交付金」の配分額は，発電施設の種類ごとに定められた単価に係数を乗じた額が限度額となる．例えば，資源エネルギー庁が2011年に示したモデルケースである出力135万kWの原子力発電所が新設された場合，その単価は900円，係数7，所在市町村と周辺市町村がそれぞれ1として，交付限度額が170億円となる[32]．この交付限度額の範囲内で，各自治体の申請により交付されるが，対象となる施設分野は16分野に及ぶ．

このように先に交付限度額が決まり，その限度額の範囲内で自治体が広範な分野を対象として施設整備をおこなうという方式は，先に述べた環境整備法9条交付金と酷似しているといえる．実は，電源三法は，1974年の通常国会で，環境整備法とほぼ同時並行で審議されて成立していることからして，

この酷似ぶりは決して偶然とはいえないのではないだろうか[33]？ ただし，電源立地促進対策交付金は運転開始から5年という交付期限が設けられている[34]．これはその本来の趣旨が，原子力発電所の新規立地促進であったことによる．また，その財源は販売電気に課される電源開発促進税である[35]．他方，環境整備法9条交付金については，こうした支給期限はなく，基地が存在する限りなくなることはない．また確固とした税源があるわけではなく，いわば摑みがねというべきものであるが，これまでの実績をみるかぎり，減額されたことはないのである．

3. 軍用地料と地域社会：分収金について

先の表3-1によって，名護市など北部の自治体に軍用地料が多いことを指摘した．また第2章において，北部地域の米軍基地は市町村有地が多くをしめるが，その実態は字有地であることを指摘した．このため，名護市をはじめとする北部地域における財産運用収入の比重が高い自治体では，軍用地料収入の一定割合を「行政区」と呼ばれる字に配分している．これを「分収制度」と言う[36]．配分の方法は自治体によって異なるが，名護市では「名護市林野条例」（1974年4月16日，条例第22号）にもとづいて次のように定めている．対象となるのは，市が所有する山林及び原野である「市有林野」とする．各行政区を「管理区」とし，対象地の「貸地料」つまり軍用地料は，市が10分の6，管理区が10分の4の割合で分収することとしている．つまり，先の表3-1では2010年度の名護市の軍用地料収入が19億円ほどであったが，このうちの4割，7億6千万円ほどが分収され，実質的な名護市の収入は11億円ほどなのである．

表3-4は，名護市における対象となる10行政区の2010年度貸地面積と分収金をみたものである．貸地1566万m²の大半が分収対象面積となっている．その軍用地料から地主会費を差し引いた金額が分収対象金であり，その4割である7億6378万円が，10年度の分収金である．その内訳をみると，

表 3-4 名護市における軍用地料貸地面積及び分収金（2010 年

	管理区	貸地面積(m²) ①	分収対象面積(m²) ②	分収対象外面積 (m²) ③(①-②)	貸地料(円) ④	地主会費(円)(6.4/1000) ⑤
1	喜瀬(408 人)	961,175.00	961,175.00	0.00	83,939,412	527,540
2	幸喜(302 人)	578,198.00	578,198.00	0.00	50,494,031	317,350
3	許田(567 人)	2,347,005.00	2,340,113.00	6,892.00	294,521,166	1,845,850
4	数久田(981 人)	2,104,412.00	2,104,412.00	0.00	265,071,735	1,661,300
5	世冨慶(643 人)	513,602.00	513,602.00	0.00	64,693,307	405,450
6	久志(636 人)	4,318,763.34	4,312,714.00	6,049.34	543,064,930	3,403,570
7	豊原(399 人)	814,683.00	814,683.00	0.00	102,617,470	643,140
8	辺野古(1970 人)	3,929,179.96	3,917,369.96	11,810.00	511,026,614	3,203,000
9	二見(86 人)	69,569.00	18,314.00	51,255.00	3,640,456	22,840
10	勝山(121 人)	24,868.00	24,868.00	0.00	2,425,620	15,360
	計	15,661,455.30	15,585,448.96	76,006.34	1,921,494,741	12,045,400

注） 1. 地主会費については，2008 年度貸地料をもとに算出．
　　 2. 人口は 2011 年 3 月 31 日現在．
出所） 名護市財政課作成資料．

人口 636 人の久志に 2 億 1586 万円，1970 人の辺野古に 2 億 313 万円，567 人の許田に 1 億 1707 万円，981 人の数久田に 1 億 536 万円と，この 4 行政区だけで 4 億 4 千万円と過半を占めていることがわかる．

少し古いが，筆者の手元には宜野座村宜野座行政区の 1996 年度の決算書がある．これは，自治体の決算書と同様の様式で作成されている．同村の軍用地料の配分割合は，村 5.5，区 4.5 となっている．96 年度歳入決算額は 1 億 6873 万円で，分収金が 1 億 5157 万円と歳入の大半を占めている．他の収入としては村からの事務委託料（月額 18 万 5900 円，年 223 万 800 円）が目立つ程度で，住民の会費収入は計上されていない．

歳出をみると，区長，会計，書記の 3 人の専任の職員を雇用している．3 人にはそれぞれ月額 30 万 8 千円，23 万 5 千円，16 万 5 千円の給料のほか期末・勤勉手当が支給されており，3 人の人件費は計 1200 万円ほどである．行政委員や班長には，月額数千円の報酬が支払われており，青年会，老人会，子供育成会など地域の団体への補助金，各種行事への補助金など，さまざまなサービスをおこなっていることがわかる．さらに，地域の金融機関への預

第3章　基地と自治体財政

分収対象金(円) ⑥(④-⑤)	管理区分収金 (4/10) ⑦(⑥×4/10)
83,411,872	33,364,749
50,176,681	20,070,672
292,675,316	117,070,126
263,410,435	105,364,174
64,287,857	25,715,143
539,661,360	215,864,544
101,974,330	40,789,732
507,823,614	203,129,446
3,617,616	1,447,046
2,410,260	964,104
1,909,449,341	763,779,736

金残高が数億円にも達しているのである．

ともあれ，人口に比べて膨大で，かつ毎年増加する分収金収入を得て，各区では常勤の職員を雇用し，さまざまな行政サービスをおこなうなど，「ミニ役場」的な機能をになっているのである．軍用地料は，このようにして地域社会に滲透しているのである．

おわりに

基地が所在することにともない自治体にもたらされる財政収入のうち，一般財源である基地交付金と軍用地料は，いずれも租税収入ではないために財政力の向上にはつながらず，したがってどんなに多額であっても地方交付税のうちの普通交付税は減額されない．また，その総額は着実に増加してきた．他方，原子力発電所が立地する自治体にもたらされる主な一般財源である固定資産税の償却資産分は，稼働時をピークとして，減価償却にともない減収となる．また租税収入であるので，当該自治体の財政力向上につながり，普通交付税もそれだけ減収となり，地方交付税の不交付団体となることもめずらしくない．

施設整備のための特別な財政収入である環境整備法9条交付金と電源三法にもとづく電源立地促進対策交付金は，ほぼ同時期に国会で審議されて成立している．そのためであろうか，配分された交付額を限度として，多様な分野を対象とした施設整備に活用できるという酷似の制度設計となっていた．しかし後者は交付期限があるのに対し，前者にはそうした期限はなく，総額も減少したことはない．

こうしてみると，一般財源，特定財源ともに基地所在自治体の方が「優遇」されているようにみえるであろう．しかしそれは，原発自治体にもたら

される収入が，電力会社に課税権を行使して得た収入が主たる源であるのに対し，基地所在自治体のそれは，財源が不明確で一種の'摑み金'的なものであり，配分において自治体にはまったく裁量権のない財政収入であることの裏返しでもある．

しかしこれら財源に共通するのは，いずれもはじめに収入ありきという点である．それだけに，分収制度にもとづいて毎年多額の軍用地料がもたらされていた沖縄本島北部地域の自治体の行政区に示されるような，過大な財政収入をもたらしがちである．決して自治体に固有の財政需要の裏付けがあって必要な金額が決まるのではない，こうした財源への依存度が高い状況が長年続くことにより，地域の経済力を涵養し，課税権を行使して得た収入を基本とする本来の自治体財政とはかけはなれた状況を余儀なくさせるのである．

注

1) アメリカ合衆国が所有する自動車・軽自動車であっても，合衆国軍隊以外のものが使用するものについては，使用者に対して自動車税または軽自動車税を課すことができる．そこで沖縄県は，「アメリカ合衆国軍隊の構成員等の所有する自動車に対する自動車税の特例に関する条例」を制定して自動車税を課しているが，その水準は県民の5分の1程度にすぎない．
2) 地方財務協会編『地方税制の現状とその運営の実態』地方財務協会，2003年，より．
3) 旧三公社が，経営形態の変更によって納付金制度の対象外となったため，1989年度から納付金制度が廃止され，法律の名称も「国有資産等所在市町村交付金法」に改められた．
4) 創設時は10分の8と10分の2であったが，航空機の近代化等にともなう財政需要の増高などを理由に，沖縄返還の翌1973年度に10分の7.5と10分の2.5に，そして92年度からは現行の比率となっている．
5) 佐藤昌一郎『地方自治体と軍事基地』新日本出版社，1981年，48頁．
6) 同上書，49頁．
7) 総額は，『2012年度補助金総覧』日本電産企画，沖縄分は，沖縄県知事公室基地対策課『沖縄の米軍及び自衛隊基地（統計資料集）』による．
8) 防衛施設庁史編さん委員会編『防衛施設庁史』防衛施設庁，2007年，61頁．
9) 国際民間航空機構で提案された航空機騒音の「うるささ」を表す単位．詳細は第5章を参照．

10) 前掲『沖縄の米軍及び自衛隊基地』，より．琉球新報社が2013年5月におこなった調査によると，嘉手納基地・普天間飛行場に関する国の防音対策で，基地周辺の補助対象地域に立地しながら補助対象から外されている認可外保育園が，少なくとも89園に上り，約3500人の園児が米軍機騒音に無防備な状態に置かれていることが明らかになった．これは，環境整備法の施行令において，児童福祉法で定める公立保育所や認可保育園のみを補助対象としていることによる．詳細は「防音認可外助成なし」『琉球新報』2013年5月20日付，を参照．
11) 小幡久男防衛庁長官の発言（『第51国会衆議院内閣委員会議録』1966年4月21日）．
12) 佐藤昌一郎，前掲書，112頁．
13) 前掲，『防衛施設庁史』，61頁．
14) 同上書，127頁．
15) 守屋武昌「「日本の戦後」を終わらせたかった」『世界』第801号，2010年2月，188頁．
16) 環境整備法の国会審議において，横道孝弘議員は「北富士と，この話の中で出てくるのは，横田ですけれど，使用転換，つまり米軍の基地が日本側に返還される，その跡地をめぐって，やはり基地の確保という観点からこれは出されてきた」と指摘しているのに対し，長坂強政府委員は，その指摘を否定しつつも，「基地の確保という観点から」と述べて横道議員の指摘を事実上認めている．以上は，『第72回国会衆議院内閣委員会議録』（1974年5月10日）による．
17) 福生市が，当時の市の年間予算の15倍に相当する468億円もの周辺対策事業を政府に求めたことが，新たな法律を必要とした要因であった（NHK取材班，前掲書，72-73頁）．
18) 『第72回国会衆議院内閣委員会議録第30号』（1974年5月16日）より．
19) 環境整備法については，吉岡幹夫「基地対策と法─防衛施設周辺生活環境整備法の構造と本質─」静岡大学法経短期大学『法経論集』第36・37号，1976年3月，を参照．
20) 環境整備法制定当時は内閣総理大臣が指定していたが，防衛省の発足にともない，防衛大臣が指定することとなった．
21) 筆者は，基地所在自治体を訪問する際，この9条交付金を配分する際の点数がどのようになっているかを質問するが，どの自治体も明確な情報を有していない．そこで林公則氏が各自治体にどのように点数がつけられているかについて防衛省に情報公開請求したところ，2011年11月14日に開示決定通知書を得た．それによると，米軍基地の飛行回数が黒塗りとなっていた．また，2011年4月改正により，大規模又は特殊な訓練に係る訓練点を新設するなどの算定式の見直しがおこなわれた．それによると，訓練点で配分されるのは普通交付額の10分の0.5であり，面積点数が普通交付額の10分2.5から10分の2となった．同時に特定防衛施設および特定防衛施設関連市町村として指定できる防衛施設および市町村の追

加がおこなわれた．

22) 「防衛施設周辺の生活環境の整備等に関する法律施行令」第14条．
23) 『第72回国会衆議院内閣委員会議録』1974年5月16日，より．
24) 仲地博「軍事基地と自治体財政」日本財政法学会編『地方自治と財務会計制度』学陽書房，1988年，127頁．同論文に加筆した「沖縄基地関連財源と市町村財政」浦田賢治編『沖縄米軍基地法の現在』一粒社，2000年，も参考になる．
25) 沖縄県企画部市町村課『沖縄県市町村概要（2013年3月）』，による．
26) 原子力発電所所在自治体の財政については，清水修二『差別としての原子力』リベルタ出版，1994年，同『NIMBYシンドローム考』東京新聞出版局，1999年，同『原発とは結局なんだったのか』東京新聞，2012年，岡田知弘・川瀬光義・にいがた自治体研究所編『原発に依存しない地域づくりへの展望』自治体研究社，2013年，を参照．
27) 2010年度において，静岡県など11県が核燃料税を，茨城県が核燃料等取扱税を，青森県が核燃料物資等取扱税を課しており，395億円の税収をあげている（地方財務研究会編『地方税関係資料ハンドブック（2012年）』地方財務協会，より）．
28) 「減価償却資産の耐用年数等に関する省令」による発電所の法定耐用年数は15年，固定資産評価基準別表15による減価率は0.142であるので，5年目には初年度の半分近くに減価する．
29) 岡本全勝『地方交付税・仕組と機能』大蔵省印刷局，1995年，194頁．
30) ただし，助成交付金・調整交付金ともに総額は予算の範囲内であるのに対し，国有財産台帳記載の評価額の1.4％で算出される国有資産等所在市町村交付金には，そうした制限はない．
31) 沖縄県基地交付金関係市町村連絡会の調査によると，対象となる資産価格に固定資産税の標準税率1.4％を乗じた額を固定資産税相当額とした場合，2010年度の助成交付金は，その半分以下になるという（「基地交付金　固定資産税の半分以下」『琉球新報』2011年4月25日付）．
32) 経済産業省資源エネルギー庁『電源立地制度の概要』2011年3月，より．
33) 電源三法のうち「発電用施設周辺地域整備法案」のみが，前年の1973年に国会に提出されていた．それに盛り込まれていた財政措置は，環境整備法8条「民生安定施設の助成」と同じく，特定の施設の整備について補助率を上乗せするという内容であった．
34) 電源開発開発促進特別会計については，清水修二「電源開発特別会計と電力自由化」『財政学研究』第30号，2002年6月，参照．1980年の電源開発特別会計法の改正による電源多様化勘定の創設以降，運転終了まで支給されるさまざまな交付金が設けられているが，電源三法発足当時から続いている電源立地促進対策交付金は，今日なお運転開始から5年間の交付期間となっている．なお，電源三法交付金制度の歴史については，（財）電源地域振興センター『電源三法交付金制度

による地域振興等のより効果的な推進のための施策改善調査報告書』2002 年 3 月, に詳しい.

35) 2000 年 12 月に議員立法により成立し, 01 年 4 月から施行された「原子力発電施設等立地地域の振興に関する特別措置法」では, 道路, 港湾, 漁港, 消防用施設, 義務教育施設を対象に, 補助率の嵩上げなどの支援措置がおこなわれる. 電源三法交付金との最大の違いは, 財源を一般財源に求めていることにある.

36) 分収制度については, 沖縄タイムス社編『127 万人の実験』沖縄タイムス社, 1997 年, 宜野座村『村政五〇周年記念誌』1996 年, 等を参照した. またその歴史的経緯については, 来間泰男『沖縄の米軍基地と軍用地料』榕樹書林, 2012 年, に詳しい.

第4章
基地維持財政政策の展開

はじめに

　前章で述べた基地維持のためのさまざまな財政支出は，軍用地料が典型的に示しているように，経済的合理性では説明がつけ難いものであった．そこには，沖縄の人々が同意して基地を提供しているわけでないという歴史的経緯を多分に考慮した，補償ないしは賠償的含意があったといえるかもしれない．しかしこうした性格は，ここ10数年の間に，大きな変質を遂げてきた．

　変質の契機は，1995年9月に発生した少女乱暴事件である．この事件を契機に，復帰後20年以上を経過しても変わらない基地過重負担に対する沖縄の人々の怒りが爆発し，基地の整理・縮小を求める世論がかつてなく高揚した．その象徴的出来事が，事件の翌月10月21日に8万5千人が集まって県民大会が開かれたこと，及び当時の大田昌秀知事による米軍用地強制使用の代理署名拒否であった．そこで日本政府は，沖縄の人々の怒りをどうにかしてなだめ，沈静化するために，新たな施策を講ぜざるを得なくなった．

　また，すでに紹介したように，SACO報告で11施設，約5000haの返還が合意されたものの，そのほとんどが県内に新たな基地を建設することを条件としていた．その象徴的事例が，普天間飛行場の撤去の条件として，名護市辺野古に新基地を建設する計画であった．そのため日本政府は，沖縄県内に新たな基地を建設することについて県知事や地元自治体の「同意」を獲得しなければならなくなり，当該地域の「地域振興」を名目とする新たな財政

支出が必要となった．

実は，この間に電源三法交付金も，似たような変質をたどることとなった．前章でのべたように，この交付金は原発の新規立地促進のために設けられた．しかし，スリーマイル島原発事故やチェルノブイリ原発事故などの影響によって，新規立地がきわめて困難となり，電源開発促進税を原資とする特別会計は，毎年多額の「不用額」つまり使い残しが発生することとなった．そこで，この交付金は，既に立地している地域に「増設」をすすめる手段に変質することとなった．ここでもまた，この資金は，対象となった地域の「地域振興」の手段となったのである．

そこで前章に続き，本章においても原子力発電所の場合とも比較しながら，基地維持財政政策変質の構造を明らかにすることとしたい．

1. 基地維持政策の変遷

第1章では，米軍基地の新規建設費用を日本側が負担する転換点となったのが沖縄返還密約にあったことを指摘した．また，第2章では，沖縄返還の頃に実施された関東計画の実施過程をみると，米軍基地が撤去されるとしても，その機能を維持するために，国内の別の場所に新たな施設を建設し，その経費はすべて日本側が負担するという枠組みが確立したことを指摘した．1990年代半ば以降，沖縄の基地の整理・縮小を求める県民世論の高まりに応えるべく，いくつかの合意がなされたが，それらはいずれもこの枠組み内のものでしかなかった．ここではまず，次節以降にかかわる2つの重要な合意の主な内容を紹介することとしよう．

(1) SACO合意

安全保障問題に関して日米両国はいくつかの協議の場を設けているが，最も政治的意味が大きいのは安保条約第4条を根拠として，1960年1月19日付内閣総理大臣と米国国務長官との往復書簡にもとづき設置された日米安全

保障協議委員会（SCC）であろう[1]．その構成員は，日本側は外務大臣と防衛大臣，アメリカ側は国務長官と国防長官で，「2+2」とも呼ばれている．序章で紹介したSACOとは，少女乱暴事件後まもない1995年11月に，沖縄における米軍施設・区域の整理・統合縮小の促進と航空機騒音等，基地から派生する諸問題による沖縄県民の負担を軽減するために，SCCの中に設置された協議機関である．96年12月2日に出された最終報告では，まず一連の作業は「沖縄県民の負担を軽減し，日米同盟関係を強化するため」に着手したことを謳っている．そしてこの最終報告に盛り込まれた計画が実施されれば「沖縄県の地域社会に対する米軍活動の影響を軽減する」と同時に「在日米軍の能力及び即応体制を十分に維持する」とも述べられている．このように沖縄の負担軽減の必要性は認めるものの，あくまで米軍基地の機能を維持することが前提であるという先に確認した枠組みが，繰り返し強調されている．そのため，先の表2-1で示したように11施設，5000haの返還に合意したものの，ほとんどが県内に新たな施設を建設することを条件としていた．県外への移転として，県道104号線越え実弾砲兵射撃訓練の日本の演習場への移転，普天間飛行場に配置されているKC-130航空機の岩国飛行場への移駐が盛り込まれたが，これらは施設の返還を伴うものではない．

　返還対象11施設のうち普天間飛行場についてのみ，特別な文書が付与されて詳しい記述がされている．そこでは，まず「普天間飛行場の重要な軍事的機能及び能力を維持しつつ，同飛行場の返還及び同飛行場に所在する部隊・装備等の沖縄県における他の米軍施設及び区域への移転について適切な方策を決定するための作業を行ってきた」（傍点は筆者）と述べられている．そして①ヘリポートの嘉手納飛行場への集約，②キャンプ・シュワブにおけるヘリポートの建設，③海上施設の建設の3案を検討した結果，沖縄本島の東海岸に海上施設を建設することを提案しているのである．

　この報告を受けて，名護市辺野古のキャンプ・シュワブ沖合に海上基地を建設することが政府から提案された．以来今日まで，その是非をめぐり，名護市をはじめ沖縄社会が翻弄されることとなった．幾多の紆余曲折を経て，

1998年11月の知事選挙において「軍民共用空港建設と15年使用期限」を公約した稲嶺恵一が当選してから，新基地建設計画が急速に具体化することとなった．翌99年11月22日に沖縄県知事が候補地を「キャンプ・シュワブ水域内名護市辺野古沿岸域」とする旨を表明し，さらに12月27日に名護市長が新基地建設の受け入れを表明したことをうけて，99年12月28日に「普天間飛行場の移設にかかる政府方針」が閣議決定された．その閣議決定には，「普天間飛行場移設先及び周辺地域の振興に関する方針」及び「沖縄県北部地域の振興に関する方針」も盛り込まれた．ここで「移設先」とはいうまでもなく名護市であるが，「周辺地域」とは名護市と名護市に隣接する東村と宜野座村を意味する．そして「北部地域」とは，沖縄本島のほぼ北半分の区域を意味し，この3市村をはじめとする1市2町9村が含まれる．

　以後，沖縄及び北方対策担当大臣が主宰し，沖縄県知事と関係市町村長が構成員となる「移設先及び周辺地域振興協議会」と「北部振興協議会」が設置され，振興事業が具体化していくこととなる．そしてその「振興」策を予算面で裏付けしたのが，後に述べる北部振興事業なのである．これは，新基地建設受け入れの見返りでないというのが重要な「建前」であった．しかし，沖縄の一地方の「振興」について閣議決定までして政府を挙げて取り組むこととなった以上のような経過をみるにつけ，客観的には見返りといわざるを得ないであろう．

　こうした振興策の協議と並行して開催された代替施設協議会において，2002年7月29日には，普天間飛行場を撤去する条件としての新基地の規模として，2千メートル滑走路1本，面積は最大で184ha，工法は埋め立て，建設場所は辺野古集落の中心から滑走路中心線まで最短距離が2.2キロメートルとする基本計画が定まることとなった．

　以上の施策を実施するために，次のような新たな予算措置が講じられた．

- 環境整備法8条補助金の特別分としてSACO補助金
- 同法9条交付金特別分としてSACO交付金

● 北部振興事業として2000年度から10年間にわたり年100億円（公共事業50億円，非公共事業50億円）
● 1999年度から沖縄全体の振興のための特別の調整費（特別調整費）が100億円（公共事業50億円，非公共事業50億円）

(2) 米軍再編

　すでに述べたように，SACO報告書で11施設の返還に合意されたものの，県内での新施設建設を条件としていたために，いっこうに進展しなかった．そうした中，2005年10月29日にSCCは「日米同盟：未来のための変革と再編」に合意した．そこでは「SACO最終報告の着実な実施の重要性を確認」しつつも，「普天間飛行場の移設が大幅に遅延していることを認識し，運用上の能力を維持しつつ，普天間飛行場の返還を加速できるような，沖縄県内での移設のあり得べき他の多くの選択肢を検討した」結果，「キャンプシュワブの海岸線の区域とこれに近接する大浦湾の水域を結ぶL字型に普天間代替施設を設置する」こととした．そのほか，海兵隊の一部兵員のグアム移転，空母艦載機の厚木飛行場から岩国飛行場への移転などが新たに盛り込まれた．そしてその実施日程をまとめて翌06年5月1日に発表された「再編の実施のための日米ロードマップ」において，新基地の詳細について，次のように明らかにされた．

● 普天間飛行場を撤去する条件としての新基地を，辺野古岬とそれに隣接する大浦湾と辺野古湾の水域を結ぶ形で設置し，滑走路はV字型の2本とする
● 完成目標は2014年とする
● 工法は原則として埋め立てとする
● 海兵隊兵員8000名と，その家族9000名をグアムに移転する
● 嘉手納飛行場以南の普天間飛行場，キャンプ桑江，キャンプ瑞慶覧，牧港補給基地，那覇港湾施設，陸軍貯油施設第1桑江タンク・ファームの

6 施設の返還

ただしこれら沖縄に関する事案は，すべてパッケージとされ「嘉手納以南の統合及び土地の返還は，第3海兵機動展開部隊要員及びその家族の沖縄からグアムへの移転完了にかかっている」「沖縄からグアムへの第3海兵機動展開部隊の移転は(1)普天間飛行場代替施設の完成に向けた具体的な進展，(2)グアムにおける所要の施設及びインフラ整備のための日本の資金的貢献に懸かっている」とされた．嘉手納飛行場以南の6施設は，先の表2-1に示したようにSACOで返還が合意された11施設に含まれていた．ところが，このロードマップによって，これら6施設の返還はSACO合意から切り離されることとなり，その返還の実現はひとえに辺野古への新基地建設と，グアム基地の整備費用に関して日本がどれだけ資金を出すかにかかっているとされたのである[2]．

また，この再編を実施するための財政負担については「施設整備に要する建設費その他の費用は，明示されない限り日本国政府が負担する」「米国政府は，これらの案の実施により生ずる運用上の費用を負担する」という原則が確認された．

この原則に基づいて，辺野古への新基地建設費用に加えて，先の表1-7で示したようにグアム移転のための施設及びインフラ整備費用約102.7億ドルのうち，28億ドルの直接的な財政支援を含め，60.9億円を日本が提供することとなった．日本の主権が及ばない地域での基地建設費用を日本が負担するのは「兵力の移転が早期に実現されることへの沖縄住民の強い希望を認識」したことによるというのである．

そして，これを実現するための新たな財政措置を盛り込んだ「駐留軍等の再編の円滑な実施に関する特別措置法」（米軍再編特措法）が2007年5月に制定された．そこには，本章第4節で詳細をのべる再編交付金とともに，グアムでの住宅やインフラ建設等のための国際協力銀行の業務の特例が盛り込まれることとなった[3]．

2. 新たな基地維持財政政策

　冒頭に述べたように，1995年以降，日本政府は，米軍基地を維持するために①沖縄の人々の怒りをなだめ沈静化する，②新基地建設について「地元」の合意を獲得する，という新たな課題に直面することになった．これを解決するべく，次のような施策が講じられたのである．

　第1は，1997年度予算から，普通交付税の算定項目に安全保障への貢献度を加えることとし，全国の基地所在市町村に150億円交付されることとなった．そのうち半分の75億円が沖縄に交付され，うち25億円が沖縄県に，50億円が県内基地所在市町村に配分されている．具体的には基準財政需要額算定の際の補正件数の1つである密度補正に「基地補正」が新たに設けられた．各自治体への配分額は，当初は，普通交付税制度において，米軍人口が国勢調査の対象外であることから，人口を測定単位とする費目（消防費・社会福祉費・保健衛生費・清掃費等）に係る財政需要が措置されていないことを考慮して基準財政需要額に算入することとした．しかし，基地被害が深刻な嘉手納町に相対的に不利な配分となるため，渉外事務，防音施設の維持管理等米軍及び自衛隊の基地が所在することによる財政需要を考慮して，新たに基地面積によって基準財政需要額に算入することとなったのである[4]．

　第2に，総理本府の所管であるが，那覇防衛施設局が地元の窓口となって，内閣内政審議室の承認を受けて補助金が交付される，沖縄米軍基地所在市町村活性化特別事業費である．これは，官房長官の私的諮問機関である「沖縄米軍基地所在市町村に関する懇談会」（座長：島田晴雄慶応義塾大学教授）の提言を受け，米軍基地所在市町村から提案された事業に必要な経費を補助しようというものである．提言によると，その趣旨は「基地の存在による閉塞感を緩和するため」の事業であるという．そして従来型のいわゆる箱物づくりではなく「経済活性化に役立ち，米軍基地所在による閉塞感を和らげ，なかんづく若い世代に夢をあたえるもの」，「継続的な雇用機会を創出し，経済

の自立につながるもの」、「長期的な活性化につなげられる「人づくり」をめざすもの」、「近隣市町村も含めた広域的な経済振興や環境保全に役立つもの」などの基準にもとづくプロジェクトを採択したというのである。この提言を受けて、1997年度から総事業費約1000億円、38事業47事案のプロジェクトがすすめられた（以下、「島田懇談会事業」と略記）。

「閉塞感の緩和」というのは、前章で環境整備法8条補助金、9条交付金の根拠として政府が説明していた「苦しみをやわらげる」「基地が存在するということによっても、大きな不満、不平というものが残っている」ことへの対策、という表現を彷彿とさせる。したがってこの事業も、決して「閉塞感」の除去をめざすのではない。提言によると、「負担が沖縄のとりわけ基地所在市町村に集中している実情に鑑み、これら地域住民の人々が直面している困難な問題の改善のためには、国全体として特別の配慮が講ぜられるべき」という立場からの施策なのである。

この事業に関する財政措置には、次のような特徴がある。第1に、総額1000億円の配分方式の特異性である。渡辺豪が発掘した内部資料によると、各自治体共通の基準額（50億円）を設定し、それに「配分調整」として複数の係数を掛け合わせて、配分額をはじき出す方式がとられている。係数は①基地占有率、②SACO、③航空機騒音や砲撃音など恒常的な基地被害、の3要素を加味しているという。また、SACOについては「新たに土地を提供する市町村」や「新たな機能を受け入れる市町村」に増額する一方、土地が返還される市町村は規模に応じて減額するように係数を設定しているという[5]。要するに、先に収入ありきということ、配分された予算の枠内で自治体が事業を選択するということで、9条交付金と同様の構造となっているといえる。

1997年度から2012年度までにこの事業に補助金として投じられた国費は約868億円であるが、うち嘉手納町が211億円と4分の1をしめ、次いで名護市92億円、沖縄市74億円、伊江村57億円となっている。嘉手納町と沖縄市については、上記の係数①と③が、名護市と伊江村は②が反映されて、

多くの予算が配分されたと思われる．他方，①と③からして多額の配分があってしかるべきと思われる普天間飛行場が立地している宜野湾市が13億円ほどしかないのは，②によると推測されるのである．

島田懇談会事業の予算措置の第2の特徴は，市町村に対する国からの直接補助方式として，補助率は10分の9で，残り10分の1のいわゆる裏負担については次のような財政措置を講じていることである．まず適債事業については全額を起債で充当（元利償還金については90%を普通交付税措置，残り10%を特別交付税措置）し，非適債事業については全額を特別交付税措置する．つまり事実上，自治体の負担がほとんど零となるようにしたのである．採択された事業のほとんどは適債事業であるが，非適債事業，つまり施設整備など「箱物」以外にも対象が拡大している点は，9条交付金とは異なる点であるといえる．

第3の特徴は，これら事業に対する政府の財政支出は1回限りで，運営に関する支援はないことである．2008年に内閣府が作成した報告書に掲載された各施設の調書をみると[6]，ほとんどの施設が運営を指定管理者など外部に委託しており，運営費を使用料等でまかなえているかが重要な評価ポイントとなっている．このことは，これら施設は一般財源を投じるほど公共性がないことを示唆しているといえる．座長の島田晴雄によると，事業の成否は「補助金ではなく，あくまで市場の選択にゆだねられる」「市場競争に打ち勝つ事業採算性と自立性をもつことがなによりも求められる」というのである[7]．こうした評価にさらされる事業をすすめることが，租税を主たる財源として，民間企業とは異なる原理で公共サービスを提供することが本務である地方自治体にふさわしいといえるだろうか．

第3の新たな施策は，SACOで合意された施策を実施するために設けられた経費で，1996年度補正予算から計上されている．これは当初，県道104号線越え演習の沖縄県外への移転にともなう周辺対策への支出が大きかったため，沖縄県外自治体への交付額の比重が大きかった．しかし，2001年度予算では新たに普天間移転調査費を盛り込むなどして，総額164億円のうち

沖縄関係が約100億円をしめ，初めて沖縄関係が沖縄以外を上回ることとなった[8]．自治体財政との関係で注目すべきは，SACO関連施設の移転先または訓練の移転先となる自治体を対象とした環境整備法9条交付金の特別分であるSACO交付金[9]，および8条補助金の特別分であるSACO補助金である[10]．これによって，対象となる自治体には，8条補助金・9条交付金の通常分に加えて特別分が配分されることとなるのである．

そして第4の施策は，1999年末に沖縄県知事や名護市長が基地新設に「同意」したことを踏まえて講じられた「振興策」にかかわる事業である．すでに述べたような経緯を経て99年12月27日に名護市長が新基地建設を受け入れることを表明した翌日には「普天間飛行場の移設に係る政府方針」が閣議決定された．その政府方針は，それに先立って12月17日におこなわれた第14回沖縄政策協議会での了解を踏まえた「普天間飛行場移設先及び周辺地域の振興に関する方針」「沖縄県北部地域の振興に関する方針」「駐留軍用地跡地利用に係る方針」から成る．そして北部振興事業として2000年度から10年間，毎年100億円，計1000億円の予算措置が講じられることとなった．

ここにおいても，9条交付金や島田懇談会事業と同じく先に収入ありきという財政措置が講じられた．従来と違うのは，公共事業500億円，非公共事業500億円と，非公共事業が半分をしめていることである．そして非公共事業分については，先の島田懇談会事業の非適債事業と同様の財政措置が講じられたのである．ただし，2010・11年度は「北部活性化特別振興事業」となり，予算措置額は公共事業35億円，非公共事業35億円，12年度以降は「北部連携促進特別振興事業」となり，それぞれ25億円に減額されている．

以上，国による基地所在市町村への直接的な財政支援であること，先に収入ありきであること，施設整備など「箱物」建設以外への使途も可能となっていることなどが，これら新たな財政措置の総体的な特徴といえる．

ところで，普天間飛行場撤去の条件としての辺野古への基地建設受け入れをめぐり沖縄県政がふりまわされ，以上のような様々な財政資金が投じられ

たこの10数年間は，日本全体としては地方分権が内政上の重要な課題の1つとしてすすめられた時期でもあった．一連の取り組みにより，機関委任事務が廃止されるなど一定の成果はあげたものの，全体としては国の財政再建を優先した施策がすすめられることとなった．

例えば，自治体の自己決定権を拡充するという地方分権が本来めざすべき課題を実現するためには，機関委任事務廃止とともに最優先で取り組むべき補助負担金改革が十分におこなわれないまま，地方交付税交付金の削減が先行することとなった．このため，財政力が弱く，地方交付税への依存度が相対的に高い自治体の財政運営がいっそうの困難に直面することとなった．詳細は省くが，島嶼県であり，離島など条件不利地域自治体が多い沖縄県内自治体にもこうした交付税削減は，大きな影響を及ぼしてきた[11]．ところが，このように国から地方自治体への財政移転を縮小する施策が進められてきた中にあっても，第7章で詳しく述べられるように，復帰以来継続している内閣府沖縄総合事務局を通じた高率補助を中心とした振興政策の枠組みは，変わることなく継続したのである．

このように，沖縄振興施策の枠組みは維持されているものの，全国的な公共事業費削減の影響などにより，総事業量は減りつつある．図4-1は，1990年度以降，最近までの沖縄振興開発事業費と沖縄県内での基地関係収入の推移を比較してみたものである．沖縄振興開発事業費は復帰以降，ほぼ毎年増加し，90年代は98年度を除いておおむね3000億円台で推移しているが，2000年代になると減少が続き，10・11年度は2000億円を下回っている．そしてこれに代わって基地関係収入の相対的大きさが増しつつある．それは沖縄振興開発事業費が減少に転じた98年度以降も増加を続け，最近は微減傾向にあるものの，近年は2000億円近い水準で推移していることがわかる．つまり，沖縄県内全自治体を対象とした事業の経費と，基地所在自治体だけを対象とした財政支出がほぼ同額となっているのである．

沖縄振興事業費の減少に追い討ちをかけるように，地方交付税削減などによって，県内自治体の財政運営は困難な状況が続いていた．その一方で，基

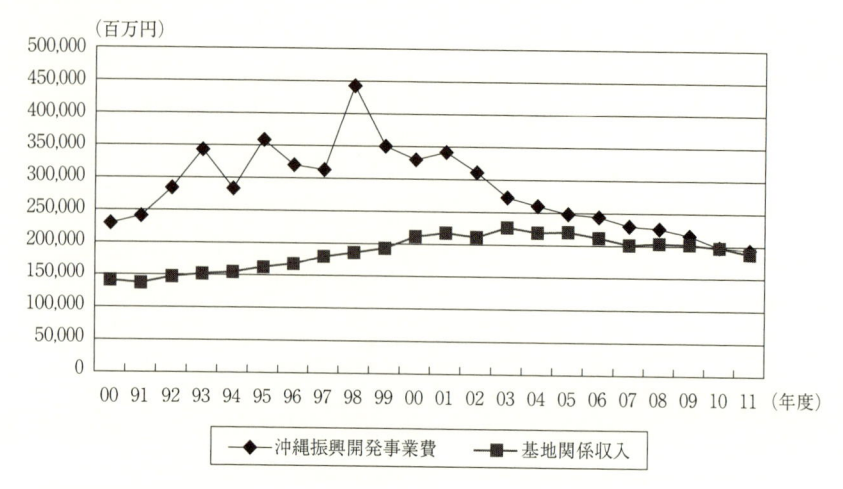

図 4-1　沖縄振興開発事業費と基地関係収入

出所）内閣府沖縄総合事務局『沖縄県経済の概況』各年，沖縄県知事公室基地対策課『沖縄の米軍及び自衛隊基地』各年，「北部振興事業採択実績」（沖縄県企画部企画調整課HP），「沖縄懇談会事業の予算推移」（内閣府沖縄担当部HP）より作成．

地所在自治体にはこれだけの資金が潤沢に提供されていたのである．つまり，県内自治体の多くが振興事業費縮小と地方交付税削減によって財政運営に苦慮する一方で，沖縄本島北部地域の中心都市である名護市をはじめ，基地を受け入れた自治体は事業費が潤沢にあるという，いわば二極化の様相を呈することとなったのである．そして，すでに述べたように，代理署名を拒否するなど日本の基地維持政策のあり方に重要な問題提起をした大田昌秀が敗れた 1998 年の知事選挙以降の沖縄における主な選挙では，「基地か経済か」が争点となり，2010 年の名護市長選挙までは基地に批判的な候補者が敗れる事態が相次ぐなど，政府の財政資金を獲得するには，基地受け入れもやむを得ないという状況が形成されてきた．

　島袋純はこの過程で，「旧沖縄開発庁にとって代わり防衛庁（防衛省）が，沖縄の振興，とくに基地の跡地利用を国からの補助事業でと期待する勢力や，移設に伴う（と引き替えの）振興事業に期待する人々にとっては，補助金の

期待や交渉の対象」[12]となったと指摘している．こうした沖縄における防衛省の地位の高まりを象徴する出来事の1つが，内閣府の直轄事業である北部振興事業が，米軍再編の当初案に名護市が難色を示し修正を求めたため，防衛省の一存で2007年度途中に一時凍結されたことであった．そしてこの時に新たに設けられた米軍再編交付金は，後に述べるように防衛省の強硬姿勢が如実に表れる仕組みとなったのである．

3. 電源三法交付金の変質

前章では，電源三法交付金が，9条交付金を盛り込んだ環境整備法と同時期に成立したことを指摘した．その電源三法交付金は，9条交付金などに先んじて質的変化を遂げてきている．この点について，電源地域振興センターの報告書が，電源三法交付金が創設以来果たしてきた役割を表4-1のように整理をしている．それによると，創設時の1970年代は交付金によって電源立地が進展した「立地貢献期」としている．80年代は，スリーマイル島原発事故などの影響で立地がすすまず，新たに多くの交付金・補助金が設けられた「多様化期」としている．これは，1980年の電源開発促進対策特別会計法改正により同特別会計が立地勘定と多様化勘定に区分設定されたことを契機としている．そして90年代からは，「地域振興」が前面に出て，それを目的とした交付金・補助金が創設された「目的転換期」としている．

さらに03年の改正では，電源立地等初期対策交付金，電源立地促進対策交付金，電源立地特別交付金，水力発電施設周辺地域交付金，原子力発電施設等立地地域長期発展対策交付金，電源地域産業育成支援補助金を統合して「電源立地地域対策交付金」が創設された．これによって，各交付金の対象事業メニューを統一化するとともに，「地域活性化事業」として地場産業支援事業，福祉サービス提供事業などソフト的事業も対象に加えられることとなった．さらに今ひとつの大きな変化は，施設の維持運営費にも充当可能となったことである[13]．しかもその対象は，電源三法交付金で整備された施設

表 4-1　電源三法交付金制度の変遷

時期	1974年～79年	1980年～89年	1990年～
交付金の役割	立地貢献期 電源三法交付金創設により電源立地が進展	多様化期 スリーマイル島原発事故等の影響で立地が停滞し，多様化勘定や各種交付金が創設された	目的転換期 '地域振興'が前面に出たり，温暖化対策の意義が浮上するなどして，目的が転換
創設された主な交付金・補助金	・電源立地促進対策交付金（74年） ・広報・安全対策交付金（74年） ・電源立地地域温排水等対策費補助金（79年）	・電力移出県等交付金（81年） ・原子力発電施設等周辺地域交付金（81年） ・電源立地特別交付金（81年） ・重要電源等立地促進対策補助金（81年） ・電源地域産業育成支援補助金（85年）	・電源地域振興促進事業費補助金（90年） ・地域共生型原子力発電施設立地緊急促進交付金（93年） ・要対策重要電源立地推進対策交付金（94年） ・原子力発電施設等立地地域長期発展対策交付金（97年）

出所）（財）電源地域振興センター『電源三法交付金制度による地域振興等のより効果的な推進のための施策改善調査報告書』2002年3月，23-27頁，より作成．

だけではない．電源三法交付金が対象としているメニューの範囲内という条件がついているとはいえ，他の財源によって整備された施設の維持運営費もその対象となっているのである[14]．これでは，職員の人件費や公債費などを除くほとんどあらゆる経費に充当できることとなり，一般財源に限りなく近いものとなったといえる．

統合したとはいっても，交付限度額の算定は従来の交付金ごとにおこなわれることにかわりはない．そして，03年改正に関して後に述べる米軍再編交付金とかかわってもう1つ注目すべきは，新たな交付金の目的に，従来の「発電所の建設」のみならず「運転の円滑化」が新たに追加され，電源立地特別交付金相当部分（電力移出県等交付金枠）と原子力発電施設等立地地域長期発展対策交付金相当部分の交付限度額の算定において，発電電力量を加味した交付単価または交付限度額が設けられたことである．後者については運転開始後15年以上，及び30年以上経過した施設については加算され，40年を経過した年度には1億円が交付され，さらに使用済燃料の貯蔵量に応じ

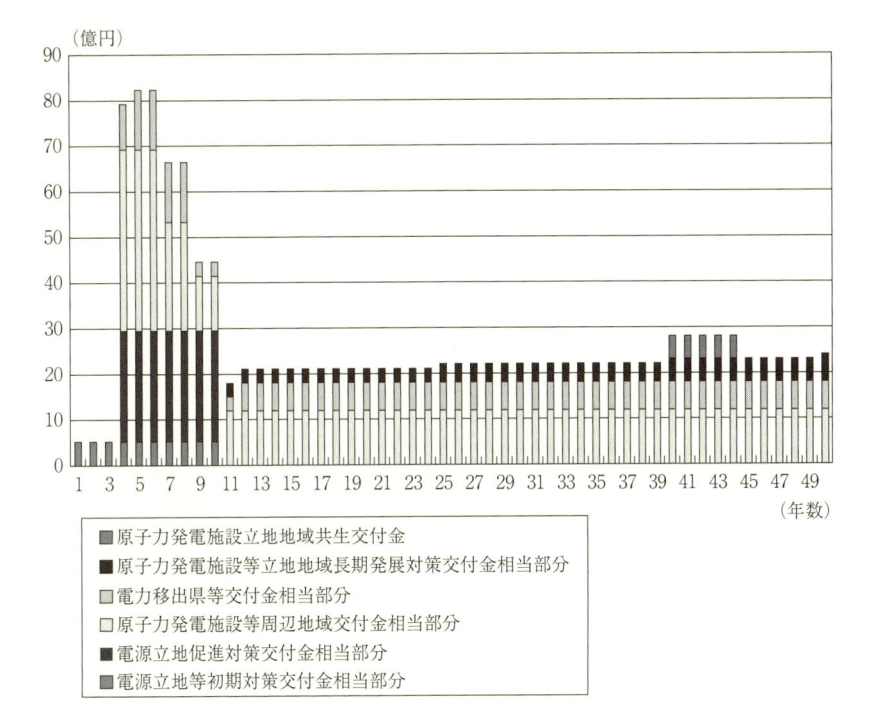

第 4 章　基地維持財政政策の展開　　　109

図 4-2　電源三法交付金の交付例（出力 135 万 kw）

出所）　経済産業省資源エネルギー庁『電源立地制度の概要』2011 年度版，より作成．

ても一定額が交付されることとなった．要するに，発電所が「円滑」に機能していればいるほど，そして長期間運転しているほど多くの交付金が交付される，いわば'出来高払い'となったと言ってよい．

　図 4-2 は，資源エネルギー庁作成による『電源立地制度の概要』2011 年度版に掲載された，出力 135 万 kw の原子力発電所が新設された場合の，立地自治体，周辺自治体，都道府県にもたらされる財源効果を示したものである．このケースは，環境影響評価開始後 4 年目に着工，10 年目に運転を開始し，運転期間 40 年を想定している．まず，環境影響評価を開始した翌年度から，つまりまだ建設が正式には決まっていないはずなのに電源立地等初期対策交付金が運転開始までの 10 年間に年 5.2 億円，計 52 億円交付される．

着工されると，電源立地促進対策交付金，原始力発電施設等周辺地域交付金が大量に交付され，運転開始まで10年間の交付額は約481億円にのぼる．運転開始とともに，交付金は大幅に減るが，それを補って余りある固定資産税が入ってくる．これは「電源三法交付金はもともと，発電所が稼働を始めて固定資産税が入ってくるまでの「つなぎ」の位置づけ」[15]であったことによる．そして運転開始から30年をすぎると原子力発電施設立地地域共生交付金という'ご褒美'が上乗せされるなど，50年間で1359億円の財源効果があるというのである．

この図には示されていないが，より露骨な'出来高払い'は，プルサーマルや核燃料サイクル推進のためのそれである．まず，原子力発電施設等立地地域長期発展対策交付金相当部分にプルサーマルを受け入れた自治体への加算措置が設けられた．それらは①プルサーマル実施に向けた理解促進活動への支援として，MOX燃料の使用を申し入れた年の翌年度から年間2000万円を5年間加算，ただし2009年度までに受け入れた自治体のみが対象，②MOX燃料の発電電力量は，ウラン燃料によるそれの3倍とする，③使用済みMOX燃料の貯蔵実績は，使用済みウラン燃料のそれの2倍とする，というものである．さらに新たに設けられた核燃料サイクル交付金は，2008年度までにプルサーマルの実施受け入れに同意した都道府県，及び10年度までに中間貯蔵施設やMOX燃料加工施設といった核燃料サイクル施設の設置に同意した都道府県を対象に，第1回交付決定からMOX燃料が装荷された年度又は，核燃料サイクル施設の使用が開始された年度までを期間Ⅰとして10億円を交付，期間Ⅰの翌年度から最長5年間を期間Ⅱとして50億円を交付（年間限度額25億円）するというものであった[16]．このように，単なる'出来高払い'にとどまらず，交付申請に締切を設ける，つまり早く受け入れないと交付しないという脅しといえる手法まで盛り込んでいる．これは要するに，対象とする自治体にその是非を十分に検討する期間を保障しないということであろう．

原子力発電所と自治体財政に詳しい清水修二は，福島第1原発事故後に著

した『原発になお地域の未来を託せるか』において，当初は「原発立地促進対策交付金」を期限つきで支給するだけであった電源三法交付金が，既設自治体の要望に応えて多様化・複雑化していく様相を鮮やかに描いている．その要点を筆者なりにまとめると以下のようになる．第1に，交付金の趣旨が，本来の「迷惑料」的ものから，「地域振興」という性格が前面に出るようになった．第2に，新規立地促進を目的としていたのが，既設地点にある既存の原発をできるだけ長期間運転することを目的としたものに変わっていった．第3に，出力が大きいほど，稼働率が高いほど，運転年数が長いほど交付金が膨らむ，つまり出来高払い的な性格を有するようになった．第4に，核燃料サイクル交付金など，申請期間に締切を設け，早く申請しないと交付されない仕組みが設けられた．第5に，施設整備に使途を限定していたのが，一般財源に近い財源となった．総じて「国の原子力政策ないし核燃料サイクル政策に地方自治体を誘導するために，実に精緻なインセンティブ（利益誘導）システムを構築してきた」[17]と評価している．

筆者は，こうした電源三法交付金の変質過程に，本章第2節で述べた1990年代半ば以降に展開された，辺野古への新基地建設計画を進めるための，基地維持財政政策の変遷を重ね合わせて見ざるを得ない．というのは，次の2点において，同様の変質を遂げているからである．第1に，元来は迷惑料ないしは補償的な性格を有していたが，新基地建設受け入れの見返り的な性格が次第に濃厚となり，受け入れる側も「地域振興策」として期待するようになった．第2に，米軍基地所在市町村活性化特別事業や北部振興事業などにおいて「非適債事業」「非公共事業」という枠が設けられるなど，使途がソフト事業にも拡大した．そして露骨な出来高払い的な性格の資金として，米軍再編交付金が登場したのである．

4. 米軍再編交付金の特異性

2007年に制定された米軍再編特措法に設けられた米軍再編交付金も，環

境整備法9条にもとづく交付金と同じく，防衛大臣が対象となる「特定施設」や「特定市町村」を指定することとなっている．そのためであろうか，『補助金総覧』には，この米軍再編交付金が9条交付金に含めて計上されている．ただし，9条交付金とは異なって，次のような基準で指定・配分されることとなっている．

第1に，再編に関連する防衛施設ごとに，負担の増加と減少を点数に置き換えて足し引きし，負担がプラスとなった施設を防衛大臣が指定し，その施設が所在する市町村が指定の候補となる．点数付けされる項目は①防衛施設の面積の変化，②飛行場や港湾等の施設整備の状況，③航空機・艦船の数や種類の変化，PAC3の配備状況，④人員数の変化，⑤訓練のための防衛施設の使用の態様の変化，である．

第2に，再編の内容が航空機部隊の移転や航空機の訓練移転の場合には，所在市町村に隣接する市町村及び隣々接市町村の範囲のうちから，負担の増加する市町村として，航空機による騒音が一定レベル（75W）以上となる市町村も指定の候補となる．

第3に，以上は必要条件にすぎず，それらを満たしても自動的に指定されるわけではないのが，この交付金の核心をなす特徴である．すなわち，米軍再編特措法第5条によると，「当該市町村において再編関連特別事業を行うことが当該再編関連特定防衛施設における駐留軍等の再編の円滑かつ確実な実施に資するために必要であると認めるとき」（傍点は筆者）に，初めて指定されるのである．

法制定後間もない2007年10月31日に，再編交付金の支給対象となる33市町村が発表された．このとき候補であるのに対象外となったのは，神奈川県座間市，山口県岩国市，そして沖縄県内では候補となっていた5市町村のうち名護市など4市町村であった．座間市は米陸軍第一軍団司令部の受け入れに反対していた．岩国市の場合は，岩国飛行場は再編関連特定防衛施設には指定されたものの，当時の岩国市長が再編にもとづく空母艦載機移転に反対しており，米軍再編特措法第5条がいう「再編の円滑かつ確実な実施に資

する」とは認められないために，岩国市は再編関連市町村には指定されなかったのである．他方，岩国市周辺の3市町は，再編に反対していないので支給対象に指定された．また，名護市の場合，当時の名護市長は基地建設そのものに反対したわけではなく，滑走路を政府案より沖合に移すことを要望していたにすぎない．しかし政府案を予定通りにすすめることしか念頭にない政府は，この時点では名護市を対象外としたのである．

　防衛省は，2007年の時点で指定しなかった岩国市などについても，その後協力が得られれば交付対象に指定する考えであった．しかし，指定が来年度以降に遅れるとその分，交付額が減少することとなる．こうした脅しともいうべき手法が功を奏したのか，発表後ほどなく，沖縄県内では金武町など3町村が，陸上自衛隊の米軍キャンプ・ハンセンの共同使用を容認する方針に転換することとなった．

　岩国市の場合，SACO合意にもとづく空中給油機の普天間基地から岩国基地への移転を受け入れたことにともなう交付金の支給が約束されていた．これをもとにして，岩国市は2005年から新市庁舎の建設に着手し，政府も05・06年度と2年間に14億円を交付した．ところが，上記のような事由により，07年度の交付金35億円の交付を拒否したのである．市長は合併特例債を庁舎新築費用に充てる予算案を提案したが，議会は5度にわたり否決し，市長は辞任を余儀なくされた[18]．このように，政治的主張の相違によって政府が交付を拒否できるというこの交付金は，民意を踏まえて反対の姿勢を貫いた市長の首をすげ替えるという絶大な'効果'を発揮することとなったのである．

　第4に，新たに設けられた交付金は基地建設の進捗状況に応じて支給されることである．ここでいう進捗状況というのは，図4-3に示されているように，①政府案の受け入れ，②環境影響評価の着手，③施設の着工，④再編の実施，の4段階に分けられている．再編が実施された翌年度の交付額を上限として，再編の進捗状況に応じて①上限額の10％，②上限額の25％，③上限額の66.7％，④上限額の100％と，交付額を逓増させることとなっている．

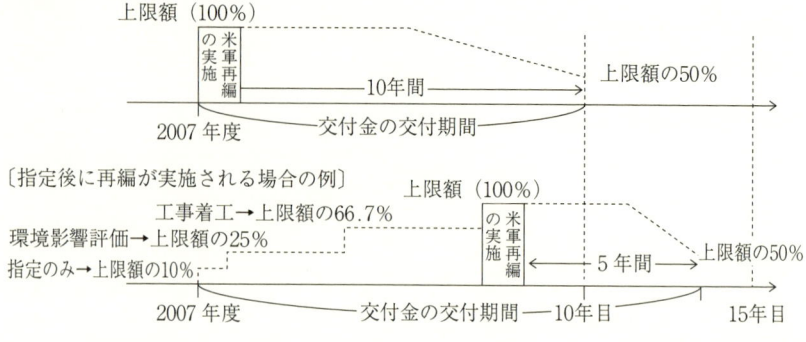

〔指定時点で再編が実施されている場合の例〕
上限額（100%）
米軍再編の実施
2007年度 ←交付金の交付期間→ 10年間 上限額の50%

〔指定後に再編が実施される場合の例〕
上限額（100%）
工事着工→上限額の66.7%
環境影響評価→上限額の25%
指定のみ→上限額の10%
米軍再編の実施
2007年度 ←交付金の交付期間——10年目 5年間 上限額の50% 15年目

出所）防衛省『再編交付金の概要について』2007年月，より．

図4-3　米軍再編交付金の算定方法

具体的な金額の算定は，SACO 交付金における交付額を参考として，負担1点当たりの交付の基準となる額を算定し，これに各市町村の負担の点数を乗じて定めることとなっている[19]．このように進捗状況に応じて支給額を漸増させる仕組みは，先に述べた03年改正の電源三法交付金と同様の'出来高払い'といえる．

また，再編事業が遅延した場合，「その遅延が国の行為または自然現象以外の事由に起因するものであって，関係する再編関連特定周辺市町村の長がその事由の解消に努め，または協力していると認められないとき」[20] には，減額または零とすることもあるとされていることも，出来高払い的な発想によると言えるであろう．要するに，「国の行為または自然現象以外の事由に起因するもの」，例えば，住民の反対によって事業が予定通り進まず，当該自治体が住民の反対を排除する努力をしていないとみなされると，交付金が減額もしくは零となる場合もあるということである[21]．

第5に，交付金の使途について，9条交付金では対象となる公共施設が8分野であったのに対し，再編交付金の対象事業は14分野にわたっている[22]．さらに，9条交付金は施設整備に限られていたのに対し，施設整備に加えて「ソフト事業の双方を念頭において幅広く規定」[23] している．具体的には，

施設または設備の設置事業以外で2年度以上にわたり継続する事業をおこなおうとする場合には，それに必要な経費をまかなうための基金を設けることができるのである[24]．

なお，9条交付金についても，行政刷新会議「事業仕分け」において「使途をより自由にして，使い勝手をよくする」という評価結果を受けた2011年4月の改正によって，医療費の助成，コミュニティバスの運営費の助成，学校施設等耐震診断書の助成などソフト事業にも使途が拡大されることとなった[25]．

そして第6に，特に負担が大きいとみなされた地域は「再編関連振興特別地域」に指定され，都道府県知事から提出された振興計画の案を，防衛大臣が議長をにない，首相を除くほとんどの閣僚が議員となる再編関連振興会議で決定して取り組み，公共事業実施に際して，国の負担割合を上乗せする措置まで講じている[26]．ここで対象となる事項については，「基幹的な交通施設の整備に関する事項」「産業の振興に関する事項」「生活環境の整備に関する事項」などと定められている．こうなると，当該自治体のあらゆる事業が，防衛省の補助金ですすめられることを意味するといってよい[27]．

このように，米軍再編交付金は，9条交付金の枠組みを活用して，かつ使途について施設整備以外にも対象を広げるなど，ほとんど一般財源と言ってよいような内容となっている．しかし，これまで述べてきたところから明らかなように，このアメには重大な制限がある．米軍再編特措法策定において中心的役割を担った守屋武昌元防衛事務次官は，それまでの各種振興策によって多額の国費が投じられたにもかかわらず名護市辺野古への新基地建設が遅々として進まないことに業を煮やし，「振興策は基地移設の進捗具合に応じて支払われるべき」[28]という問題意識を有していた．したがって，この新しい交付金は，防衛大臣の裁量で「円滑かつ確実な実施に資する」と見なされて，初めて支給対象となる．しかも事業の進捗状況に応じた出来高払いで，場合によっては途中で交付金が減額または零となり得るのである．このようにして，岩国市や名護市でみられるような，首長の政治的姿勢によって支給

を停止することが可能な仕組みが内包されることとなったのである．

　要するに米軍再編交付金は，国の施策に一切文句をつけず，唯々諾々と従って初めて満額交付されるということである．使途が施設整備以外に拡大したものの，それは「円滑な実施に資する」ことを前提とし，かつ出来高払いであることなど，すでに述べた電源三法交付金とよく似た仕組みとなっている．しかし，電源三法交付金と決定的な違いがある．それは，原子力発電所の受け入れ，あるいはプルサーマルなどの受け入れの是非については，当該自治体に選択権があるのに対し，再編交付金の場合には，米軍再編の受け入れについて自治体に選択権はないという点である[29]．

　本章の最後に，これまで述べてきた新たな基地維持政策の展開が，基地関係収入にどのような変化をもたらしたかを確認しておきたい．先の図4-1では，沖縄における基地関係収入が，沖縄振興事業費に匹敵する規模になっていることを指摘した．図4-4は沖縄におけるこれら基地関係収入の93年度から最近までの推移をみたものである．まず，軍用地料と2つの基地交付金が，安定した推移を示していること，とくに軍用地料の着実な増加ぶりを確認できる．次に注目されるのが，98年度以降における環境整備法にもとづく財政支出が，増減を繰り返しつつも急激に増加していることである．さらに図4-5は，その環境整備法関係収入の内訳をみたものである．2000年頃までは，8条・9条とともに3条（障害防止工事の助成）がほぼ同額で推移しているが，近年では8条と9条が大幅に増えていることがわかる．これは，9条特別分としてのSACO交付金，8条特別分としてSACO補助金が加算されたことによると思われる．図4-4に戻ると，2000年代前半は，島田懇談会事業が，後半は北部振興事業が大きな比重をしめていることがわかる．そしてこの両事業予算が大きく減少したのを埋め合わせるように，「その他」に含まれる米軍再編交付金が08年度から計上されているのである．

　第1章で述べたように，この間の防衛関係費は全体として横ばいないしは微減傾向が続いている．ところが，1996年度補正予算から計上されたSACO関係経費，及び07年度予算から計上された米軍再編経費は，防衛省

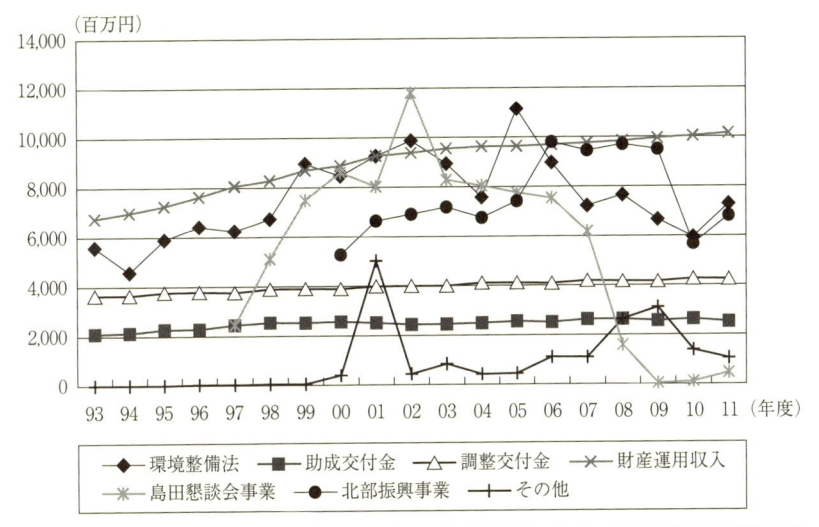

第4章　基地維持財政政策の展開

図 4-4　沖縄における主な基地関係収入の推移

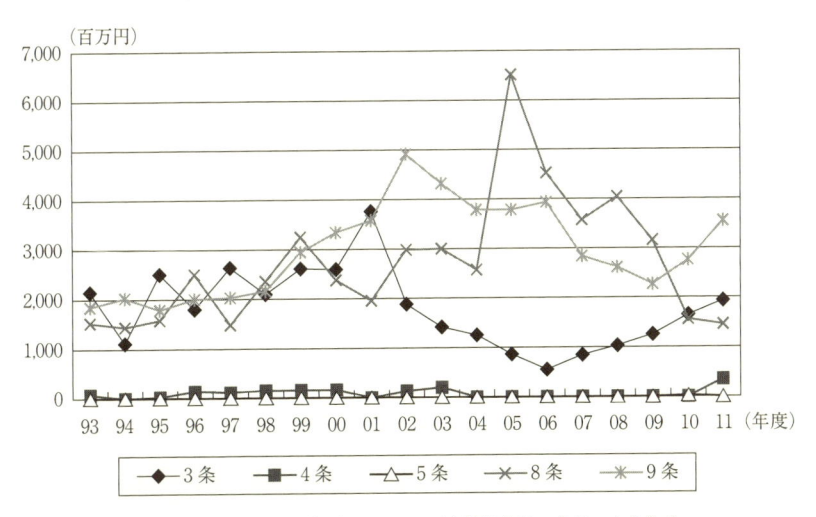

出所）沖縄県知事公室基地対策課『沖縄の米軍及び自衛隊基地』各年，「北部振興事業採択実績」（沖縄県企画部企画調整課 HP），「沖縄懇談会事業の予算推移」（内閣府沖縄担当部局 HP），より作成．

図 4-5　沖縄における環境整備法関係収入の内訳の推移

出所）沖縄県知事公室基地対策課『沖縄の米軍及び自衛隊基地』各年，より作成．

所管経費でありながら，毎年の防衛関係費とは別枠で記載され，両者あわせると大幅な伸びを示している．こうした状況が図4-4，4-5に反映されているのである．

おわりに

1990年代半ば以降，日本政府による米軍基地維持のための財政支出は，質量ともに重大な変化を遂げた．量的変化とは，従来沖縄における政府の財政支出の中心を担ってきた内閣府沖縄総合事務局（旧沖縄開発庁）を通じた振興開発事業費が減少し，防衛省を通じた事業費の相対的比重が高まり，総額ではほぼ同水準となったことである．加えて，地方交付税の削減を先行させた「三位一体改革」などによって財政力が弱い条件不利地域自治体の財政運営がいっそう厳しくなる一方で，基地所在自治体，とくに名護市をはじめとして沖縄本島北部地域の自治体には潤沢に事業費が提供されるという，二極化の様相を呈することとなった．

質的な変化とは，従来の基地関連の財政支出は，沖縄の人々が合意して基地を引き受けているわけではないという点も考慮された，補償金ないしは迷惑料的な性格が主であったのに対し，普天間飛行場撤去の条件として新基地建設が政策課題となってからの財政支出には，新たな負担を引き受けることへの見返り的な性格が次第に濃厚となってきたことである．こうした選別的な配分を進める上で，環境整備法九条交付金の枠組み，すなわち防衛大臣の裁量で対象施設と自治体を指定し，被害・負担の程度を点数化して交付額を決定する，その交付額の範囲内で自治体がメニューを選ぶという枠組みが活用されたのである．

それでも当初は，新基地受け入れの見返りではないというのが重要な建前であった．しかしその建前が形骸化するなかで，米軍再編を進めるために設けられた米軍再編交付金は，その建前すらかなぐり捨てたものであった．それは，施設整備のみならずソフト事業にも使途を拡大したこと，出来高払い

第4章 基地維持財政政策の展開

的な性格を有していることなどの諸点において，当初は新規立地獲得が主なねらいであったのに，次第に既立地自治体の「地域振興」策という側面が濃厚となった電源三法交付金と，同様の内容を有するものであった．しかし，電源三法交付金の場合は，原子力発電所を受け入れるかどうかについて当該自治体に選択権があるのに対し，再編交付金の場合は米軍再編による負担増を受け入れるかどうかについて自治体に選択権はない．有無を言わさず新たな基地負担を強制しておきながら，自治体の政治的姿勢によって交付金の支給を差別するなどという施策は，民主主義社会において決してあってはならず，そうした施策への財政支出は正当性を欠くと言わざるを得ないのである．

注
1) 他の協議の場として「安全保障高級事務レベル会議」「日米合同委員会」「防衛協力小委員会」などがあるが，大臣クラスが構成員となっているのはSCCだけである．
2) 2012年4月の「2+2」共同発表においては，新基地建設と嘉手納より南の土地の返還は切り離すこととされた．ところが，2013年4月5日に日米政府間で合意された嘉手納より南の米軍施設・区域の返還・統合計画では，大半の区域の返還が，名護市辺野古に新基地が建設されて普天間飛行場が返還される2022年度以降とされており，事実上のパッケージ復活ではないかと指摘されている．また，この計画が実現しても，沖縄に集中する米軍専用基地の割合は73.8%から73.1%と，わずか0.7%の縮小にとどまる．
3) 第1章第3節で述べたように，2012年4月に発表された再編見直しの共同文書で，国際協力銀行による出融資は利用しないこととなった．
4) 沖縄県内市町村の2012年度配分額は55億502万円で，市町村別内訳は，沖縄市10億9848万円，北谷町8億4037万円，嘉手納町5億173万円，金武町4億4191万円，浦添市3億8847万円，うるま市3億1109万円，宜野湾市3億4269万円，などとなっている（沖縄県企画開発部地域・離島振興局市町村課『地方交付税算定状況』2012年版，より）．これが設けられた初年度である1997年度における嘉手納町への配分額は3億887万円であった．嘉手納町長は，この配分額が県内自治体の7位で，「基地被害の実態を反映していない」と反発して，整理縮小から全面返還へと基地政策を転換した（その経過は，『沖縄タイムス』1997年7月31日付，8月8日付，8月11日付，参照）．そこで新たに総面積にしめる基地面積の割合により補正をかけることとしたため，嘉手納町への配分額が2億円近く増加した．

5) 渡辺豪『国策のまちおこし－嘉手納からの報告』凱風社，2009年，79-80頁．
6) 内閣府『沖縄米軍基地所在市町村活性化特別事業に係る実績調査報告書』2008年11月．
7) 『沖縄米軍基地所在市町村に関する懇談会提言の実施に係る有識者懇談会報告書』（2000年5月）所収の「座長所感」より．
8) 「防衛施設庁沖縄関係予算　前年とほぼ同額の1788億円」『沖縄タイムス』2000年12月26日付．
9) 正式には「特別行動委員会関係特定防衛施設周辺整備交付金」という．
10) 正式には「特別行動委員会関係施設周辺整備助成補助金」という．『補助金総覧』によると，SACO関係の補助金としては，このほかに「特別行動委員会関係教育施設等騒音防止対策事業費補助金」「特別行動委員会関係道路改修等事業費補助金」「特別行動委員会関係障害対策事業費補助金」が計上されている．
11) 那覇から西方32kmに位置する離島からなる，人口700人の渡嘉敷村の実情について，川瀬光義『幻想の自治体財政改革』日本経済評論社，2007年，所収の第5章「基礎自治体からみた「三位一体改革」」を参照．
12) 島袋純「沖縄の自治の未来」宮本憲一・川瀬光義編『沖縄論—平和・環境・自治の島へ—』岩波書店，2010年，252頁．
13) 電源立地地域対策交付金交付規則第3条に交付の対象となる11事業が明記されているが，うち6番目に「公共施設に係る整備，維持補修又は維持運営措置」，8番目に「福祉対策措置（医療施設，社会福祉施設，教育文化施設又はスポーツレクリエーション施設の整備又は運営その他の住民の福祉の向上を図るための措置）」があげられている．
14) 第156回国会衆議院経済産業委員会（2003年4月2日）において岡本巌資源エネルギー庁長官は「これまで三法交付金で整備された施設にとどまりませず，そういう制約を設けないで，交付金で整備されたもの以外の施設の維持運営費ということについても交付金の対象にする」と述べている．
15) 清水修二『原発になお地域の未来を託せるか』自治体研究社，2011年，91頁．
16) 以上は，経済産業省資源エネルギー庁『電源立地制度の概要』2010年度版，による．2011年度版では，核燃料サイクル交付金は，電源立地地域対策交付金に含められ，「核燃料サイクル施設交付金相当部分」となっている．また，交付対象者は「核燃料サイクル施設が所在する市町村，都道府県」とされ，従前のような同意時期の制限はない．また交付限度額は，建設段階は設備能力に交付単価を乗じて，運転段階では稼働実績に交付単価を乗じて算定されることとなっている．
17) 清水修二，前掲書，101頁．
18) 岩国市における米軍再編に関しては，井原勝介「岩国はどうなっているか　地方自治の危機に際して」『世界』第773号，2008年1月，『週刊金曜日』編『岩国は負けない』金曜日，2008年，同『基地を持つ自治体の闘い』金曜日，2008年，井原勝介『岩国に吹いた風』高文研，2009年，を参照．

19) 岩国市の試算によると，岩国市が指定された場合の再編点数は 4.62080，2007 年度の計画点数は 0.14146 であった．再編点数は 1 点あたり約 29 億円であることからして，岩国市への交付総額は約 134 億円，07 年度の交付額は約 4 億 1 千万円であるという（岩国市総合政策部基地対策課が公表した，2007 年 11 月 1 日付の報道資料「再編関連特定防衛施設及び再編関連特定周辺市町村の指定の説明について」より）．
20) 「駐留軍等の再編の円滑な実施に関する特別措置法施行規則」第 8 条の六，より．
21) 2007 年 8 月 31 日に那覇防衛施設局が行った説明会では，新たな米軍施設に関する使用協定が締結された場合，米軍の運用が制限された際には，「再編の目的が達成されないことになる」として交付金が減額されるという方針が示された（「使用協定締結なら減額」『琉球新報』2007 年 8 月 31 日付）．
22) 米軍再編特措法施行令第 2 条には，次の事業が掲げられている．
　一　住民に対する広報に関する事業
　二　武力攻撃事態等における国民の保護のための措置に関する法律に規定する国民の保護のための措置に関する事業
　三　防災に関する事業
　四　住民の生活の安全の向上に関する事業
　五　情報通信の高度化に関する事業
　六　教育，スポーツ及び文化の振興に関する事業
　七　福祉の増進及び医療の確保に関する事業
　八　環境衛生の向上に関する事業
　九　交通の発達及び改善に関する事業
　十　公園及び緑地の整備に関する事業
　十一　環境の保全に関する事業
　十二　良好な景観の形成に関する事業
　十三　企業の育成及び発展並びにその経営の向上を図る事業
　十四　前各号に掲げるもののほか，生活環境の整備に関する事業で防衛施設庁長官が定めて告示するもの
23) 防衛省『再編交付金の概要について』2007 年 8 月，より．この資料は，岩国市が 2007 年 8 月 30 日に，広島防衛施設局から米軍再編特措法の説明を受けた際に配布されたものである．
24) 米軍再編特措法施行令第 5 条．
25) 環境整備法第 9 条に，交付金の対象事業として「公共用の施設の整備」に加えて「又はその他の生活環境の改善若しくは開発の円滑な実施に寄与する事業」が加えられた．また算定式の見直しなどもおこなわれたが，その詳細は第 3 章の注 21 を参照．
26) 道路の場合，通常の補助率は 2 分の 1 だが，沖縄の自治体は 10 分の 9.5，沖縄以外の自治体では 10 分の 5.5 としている．

27) 守屋武昌は,「防衛庁が防衛省となって,日本とアジアの安全保障にとって重要な米軍再編を円滑にすすめる視点から「振興会議」の主管となる,歴史を画す法案」と述べている(守屋武昌『「普天間」交渉秘録』新潮社,2010年,302頁).
28) 同上書,164頁.
29) この点については,米軍再編特措法を審議した第166回国会衆議院安全保障委員会において平岡秀夫議員が指摘している(2007年3月29日付議事録).

第5章
嘉手納町にみる基地維持財政政策の実態

はじめに

　本章と次章では，これまで述べてきた米軍基地維持のための財政支出が自治体財政にどのように具現化しているかについて，典型自治体を取り上げて検証することとしたい．

　本章で取り上げる嘉手納町は，先の表2-5に示したように嘉手納飛行場などの米軍基地が面積の8割以上をしめている．騒音などの基地被害がきわめて深刻で，地域経済の衰退も著しい．そのため，前章で述べた新たな基地維持財政政策の1つである島田懇談会事業費の2割を投入した大規模事業がおこなわれたのである．そこで以下では，基地の存在が嘉手納町の地域経済と財政にどのような影響を及ぼしているかを明らかにし，次いで島田懇談会事業が，そのめざすところの「閉塞感の緩和」などにどのような成果をあげているかについて検証することとしたい．

1. 嘉手納町の地域経済と基地被害

　嘉手納町は，本島中部の典型的な基地の街の1つである．戦前は北谷村（現北谷町）の一行政区域で，字嘉手納を除いては純農村であった．本島のほぼ中間という地理的条件に恵まれていたため，県営鉄道嘉手納線が運行する陸海交通路の要衝にあった．しかし，1944年に旧日本陸軍沖縄中飛行場

が建設されたこともあって，第2次大戦における米軍の本島最初の上陸地点となり，その集中砲火は熾烈を極め，文字通り焦土と化すこととなった．戦後は，48年4月頃まで，嘉手納飛行場内の部分通行が可能であったが，その後全面的に通行立ち入りが禁止されたため，村域が完全に二分された．このため，嘉手納地域の住民は，役場への用務を果たすために大きく迂回しなければならないなど，日常生活や行政運営に著しく支障をきたすこととなり，1948年12月4日付で分村することを余儀なくされ「嘉手納村」となった（1976年に町政施行）．

分村後まもない1950年に朝鮮戦争が勃発し，米軍は嘉手納飛行場の拡張を進め，1967年には4000m級の滑走路を2本完成させた．その結果，町面積15.04km²の約83%が極東最大の米軍嘉手納飛行場や嘉手納弾薬庫地区でしめられることとなり，残りのわずか2.6km²ほどの狭隘な地域に1万4千人ほどの住民がひしめきあうように生活することを余儀なくされている[1]．2005年の国勢調査人口によって，陸地面積から基地面積を差し引いた面積にかかる人口密度をみると，那覇市が8078人/km²と最も高く，次いで普天間飛行場を抱える宜野湾市が6744人/km²，嘉手納町5202人/km²となっている[2]．嘉手納町民の生活環境がいかに劣悪であるかは，国土交通省が2012年10月12日に発表した「地震時等に著しく危険な密集市街地」にもしめされている．それによると，17都府県5745ha（197地区）がそれに該当するが，沖縄県内では嘉手納町の1地区，2haのみが該当するとされたのである[3]．

このように基地に占拠された状態にある嘉手納町の地域経済の実情を，人口規模がほぼ同じで本島北部に位置し，基地がない本部町（10年国勢調査人口1万3964人）と比較することによって浮き彫りにすることとしよう．もし基地がなければ，本島中部の要衝地にある嘉手納町の方が，大きな地域経済力を有しているはずである．ところが10年度の町内純生産をみると，嘉手納町が193億円であるのに対し，本部町は218億円と25億円も上回っている[4]．2010年国勢調査によって第一次産業就業者数を比較すると，本部

町は703人で,全就業者の11.2%をしめるのに対し,嘉手納町のそれは77人,1.7%でしかない.このため,10年度の町内純生産のうち農業についてみると,本部町は10億4700万円であるのに対し,嘉手納町は3300万円でしかないのである[5].さらに,製造業と建設業の就業者数をみると,嘉手納町は218人,636人,本部町は337人,795人と,いずれも本部町の方が多い.そして域内純生産でも,嘉手納町は2億円,19億7600万円であるのに対し,本部町は7億600万円,29億9100万円と,いずれにおいても本部町が大きく上回っているのである.

嘉手納町の地域特性に関して今ひとつ指摘しておくべきは,域内純生産と所得分配の乖離(かいり)である.2010年度の嘉手納町の域内純生産は193億円,所得分配は377億円で,乖離率は95.4と,県内自治体のなかで読谷村(よみたんそん)(98.2)に次いで高い.これは,町外で所得を得ている人が多い,つまり町内に雇用の場が少ないことを意味していると同時に,軍用地料の存在を反映していると思われる.2007年度の嘉手納飛行場の嘉手納町域の地主数は3884人,嘉手納町域の軍用地料は107億4千万円(1人当たり276万円),嘉手納弾薬庫地区のそれは127人,12億2千万円(同960万円)である.人口1万4千人ほどの町に4千人近い地主が存在し,これだけの軍用地料を得ているのであるから,乖離率が高くなるのは必然といえよう[6].

基地の存在が嘉手納町にもたらすもう1つの大きなマイナス面は,騒音問題である.町内には,4カ所の騒音測定器が設置されている.騒音の測定単位としては「デシベル」が用いられており,日常聞こえる音を航空機騒音の大きさと比較するために,表5-1のように騒音が人体に与える影響が示されている.それによると,通常1mの間隔で会話した状態のデシベル値が60とされており,60デシベルの音でも会話以外の騒音となると不快を感じ,90デシベル以上の騒音の中では作業能率の低下等の弊害が表れてくるという.測定地点では,「70デシベル以上で5秒以上の継続音・上空音識別装置があり」を測定条件として,測定を続けている.表5-2は,騒音被害が最も深刻な屋良地域の2003年度から08年度までの状況を示したものである.そ

表 5-1　騒音が人体に与える影響

デシベル	音の大きさ	影響
130	最大可聴値（激痛音）	
120	飛行機のエンジン近く	長時間さらされて
110	自動車のクラクション（前方 2m）	いると難聴になる
100	電車通過時の線路わき	
90	騒々しい工場内	消化が悪くなる
80	地下鉄の車内	疲労の原因となる
70	電話のベル（1m）	血圧が上昇する
60	普通の会話	就寝ができなくなる
50	静かな事務所	
40	深夜の市内	

出所）　嘉手納町『嘉手納町と基地』2010 年，より．

表 5-2　嘉手納町屋良地域の航空機騒音発生回数の推移

	03 年度	04 年度	05 年度	06 年度	07 年度	08 年度
年間発生回数	41,245	38,951	37,877	38,731	32,549	39,357
月平均発生回数	3,437	3,246	3,156	3,228	2,712	3,280
1 日平均発生回数	116	113	107	109	91	110
1 日平均累積時間	50 分 36 秒	48 分 51 秒	42 分 27 秒	37 分 45 秒	35 分 51 秒	34 分 58 秒
年平均 WECPNL	83.8	82.7	83.2	84.4	83.7	82.3
年間最高値	107.4dB	106.3dB	106.4dB	107.0dB	105.7dB	106.7dB
計測日数	355	344	354	356	357	357

出所）　嘉手納町『嘉手納町と基地』2010 年，より．

れによると，年間発生回数は最も多い 03 年度で 4 万回を超え，1 日に平均 100 回も発生している．最高値は 100 デシベルを超えている．また年平均 WECPNL 値は 80 を超えている．WECPNL (Weighted Equivalent Continuous Perceived Nise Level) とは，「うるささ指数」と呼ばれる国際民間航空機構で提案された航空機騒音を総合的に評価する国際的な単位であり，音響の強度及びその成分，頻度，発生時間帯，継続時間帯などの諸要素を加味し，夜間及び深夜における重みづけを行った航空機騒音の評価単位である．第 3 章で取り上げた環境整備法では，WECPNL 値 75 以上の区域を第 1 種区域として防音工事の対象とし，うち WECPNL 値 90 以上の区域は第 2 種区域として，希望者に対し移転補償・土地買い入れをすることとし，さらに

WECPNL値95以上の区域は第3種区域として緑地帯・緩衝帯として整備することとしている．つまり国の基準ですら，WECPNL値90以上は人が住むにふさわしくないとしているのである．その年平均が80を超えているのであるから，屋良地域の住民がいかに激しい騒音にさらされているかがわかるであろう．

　住民への影響がとりわけ深刻なのが深夜早朝（午後10時～午前6時）の離発着による騒音である．上記の調査では，月別の深夜騒音発生回数が示されているが，屋良地区の場合，最も多かったのが2005年6月で988回，最も少ない2007年12月で122回にもなるというのである[7]．

　嘉手納町や沖縄県などの度重なる要請により，横田・厚木基地に遅れること33年目の1996年3月28日の日米合同委員会で，ようやく「航空機騒音規制措置」が合意された．それによると，飛行経路について「できる限り学校，病院を含む人口稠密地域上空を避ける」が，「任務による必要とされる場合を除き」とされている．また深夜・早朝の飛行についても「米国の運用上の所要のために必要と考えられるものに制限される」としているが，これは要するに「運用上の所要のために必要」であれば可能ということでもある．

　また，日米両政府は，2007年からF15戦闘機の一部訓練を沖縄県外の米軍や自衛隊基地に移転することにより騒音を軽減しようとしているが，外来機が頻繁に飛来するために住民が騒音軽減を実感するまでには至っていない．沖縄防衛局は，嘉手納基地の航空機の運用実態の調査を2010年度に初めて実施した．それによると，1年間の離着陸等回数は4万4900回で，そのうち外来機は31.3％の1万4050回であったという[8]．

　騒音被害に苦しむ住民は，1982年2月に「爆音訴訟」を提訴した．この時の原告数は907人であったが，2000年3月に提訴された第2次訴訟では5544人に達した．2度の控訴審判決は，WECPNL75以上の地域で「受忍限度を超えている」として損害賠償を国に命じた．しかし，夜間・早朝の飛行差し止め請求については，米軍機の飛行などは国の支配が及ばない第三者の行為として請求を棄却した．ちなみに認められた賠償額は，一審の控訴審で

約13億7千万円,二審の控訴審で約56億円である.第1章で述べたように,日米地位協定第18条を遵守すればその75%がアメリカの負担であるにもかかわらず,これまで支払われた事例はない.また,第2次訴訟判決では,「国は騒音状況の改善を図る政治的責任を負う」と指摘されたにもかかわらず,何ら改善されていないのである[9].そして2011年4月28日に提訴された3次訴訟の原告は2万2058人となった.うち嘉手納町に住む原告は4916人で,総人口の3人に1人が訴訟に参加することとなった.いかに多くの人々が,嘉手納基地がもたらす騒音被害に苦しめられているかを,改めて示しているといってよい.

2. 嘉手納町の財政

さて,復帰以降最近までの嘉手納町歳出決算額の推移をみると,1975年度を除いて順調に財政規模を拡大し,82年度に70億円近くに達したものの,それをピークに歳出規模が低下している.90年代になると,92年度には60億円を上回っているものの,おおむね50億円前後で推移したが,98年度から膨張傾向が続き,2001年度は100億円を超え,03年度から07年度までは100億円ほどの歳出総額となっている.

このように毎年の変動が激しい自治体財政の特徴を把握するには,特定の年度を取り上げることは不正確な評価につながりかねないので,ここでは第7章で詳しく述べる沖縄振興開発計画の前期・後期,つまり5年ごとの平均値の推移をみることとしたい.まず表5-3は,主な歳入と基地関係収入の復帰以降5年ごとの平均値の推移をみたものである.復帰当初から第2次振興開発計画前期,つまり80年代前半までは国庫支出金が約3割と,最も大きな比重をしめ,一般財源(地方税,地方交付税など)のしめる割合もやはり3割ほどでしかない.しかし国庫支出金の比重は徐々に低下し,第3次振興開発計画前期(92-96年度)では15.7%と,地方交付税27.8%,地方税18.5%に次ぐ比重しかしめなくなり,その結果歳入の半分近くを一般財源が

しめるに至っているのである．ところが，先に述べた新たな基地維持政策が展開され始めた3次振興開発計画後期には国庫支出金の比重が再び増大し，2002年度から06年度5年間では28.9％と，復帰当初に匹敵する高さを示していることがわかる．

また基地関係収入の推移をみると，復帰当初10年間は，環境整備法3条関係（障害防止工事の助成）や8条関係（民政安定施設の助成）が歳入総額の1割ほどをしめていたことなどにより，基地関係収入は歳入総額の3分の1をこえる比重を有していたことがわかる．しかし次第にそれらの比重は低下し，最近では20％台前半に低下する一方，一般財源である2種類の基地交付金と財産収入，および9条交付金が着実に増加していることがわかる．ただし，比重が低下したとはいっても，先に述べた1997年度から計上された普通交付税における基地関連経費の傾斜配分（基地補正），及び島田懇談会事業経費は含まれていないことに留意するべきである．

さらに表5-4は，性質別歳出の5年ごとの推移をみたものである．やはり復帰当初から第2次振興開発計画前期までは，投資的経費が半分近くを，とくに補助事業費が4割近くをしめていることがわかる．しかし第2次振興開発計画後期になると補助事業費の比重は急激に低下し，第3次振興開発計画前期においては9.1％と，単独事業費13.6％を下回っていることがわかる．ところが，90年代後半には再び補助事業費が急増し，2002-06年度においては37.9％と，3分の1以上の比重をしめているのである．要するに，この2つの表は，嘉手納町の財政は国庫支出金と補助事業の動向に左右されて大幅な変動を繰り返していること，そして第2次振興開発計画後期から国庫支出金と補助事業費への依存が大幅に低下したものの，新たな基地維持政策の展開がみられた90年代後半から再び拡大傾向にあることを示しているのである．

しかし同じく補助事業費による財政膨張とはいっても，復帰当初と最近のそれとでは意味するところは異なる．いうまでもなく復帰当初のそれは，第1次沖縄振興開発計画において「本土との格差是正」が目指されたことから

表5-3 嘉手納町における主な歳入と

	72-76平均		77-81平均		82-86平均		87-91平均	
地方税	177,331	9.9	365,453	9.1	642,363	12.7	888,576	17.8
地方交付税	366,530	20.4	728,376	18.2	902,004	17.8	1,147,400	23.0
国庫支出金	578,403	32.1	1,191,540	29.8	1,428,030	28.1	1,056,694	21.2
地方債	70,600	3.9	429,780	10.7	361,420	7.1	265,600	5.3
歳入合計	1,799,094	100.0	4,004,403	100.0	5,075,685	100.0	4,992,175	100.0
助成交付金	20,393	1.1	162,463	4.1	195,815	3.9	187,151	3.7
調整交付金	223,288	12.4	424,166	10.6	462,127	9.1	483,858	9.7
3条関係	232,419	12.9	98,557	2.5	72,927	1.4	15,335	0.3
4条関係	0	0.0	0	0.0	0	0.0	0	0.0
8条関係	69,917	3.9	344,599	8.6	256,746	5.1	210,525	4.2
9条関係	34,681	1.9	203,275	5.1	273,185	5.4	274,894	5.5
道路舗装補助金	0	0.0	36,019	0.9	39,680	0.8	6,931	0.1
防音関連維持費	0	0.0	0	0.0	40,249	0.8	38,214	0.8
施設取得委託金	800	0.0	1,280	0.0	1,080	0.0	820	0.0
財産収入(地料)	71,201	4.0	142,433	3.6	165,922	3.3	196,875	3.9
基地関連収入計	652,700	36.3	1,412,793	35.3	1,507,731	29.7	1,414,603	28.3

出所) 嘉手納町決算カード、沖縄県知事公室基地対策『沖縄の米軍及び自衛隊基地』各年、より作成.

表5-4 嘉手納町における主な性

	72-76平均		77-81平均		82-86平均		87-91平均	
人件費	392,423	23.7	762,599	20.3	1,086,670	22.3	1,366,344	28.4
扶助費	79,048	4.8	123,098	3.3	90,660	1.9	51,723	1.1
公債費	17,550	1.1	98,346	2.6	482,315	9.9	339,195	7.1
物件費	148,927	9.0	371,595	9.9	497,676	10.2	615,421	12.8
普通建設事業費	732,128	44.3	1,923,631	51.3	2,184,939	44.7	1,658,743	34.5
補助事業費	594,374	36.0	1,463,003	39.0	1,756,479	36.0	913,550	19.0
単独事業費	137,755	8.3	460,628	12.3	428,460	8.8	745,193	15.5
歳出合計	1,652,506	100.0	3,751,380	100.0	4,882,800	100.0	4,807,921	100.0

出所) 嘉手納町決算カードより作成.

して、必需的な社会資本整備によるものであった。したがって、第2次振興開発計画後期と第3次振興開発計画前期において国庫支出金と補助事業費が急減したのは、格差是正がおおむね達成されたことを意味するといってよい。それを裏付けるのが次の事実である。図5-1は、嘉手納町における国庫支出金のうちの普通建設事業費支出金と特定防衛施設周辺整備交付金(9条交付

基地関係収入の推移
(単位:千円, %)

92-96平均		97-01平均		02-06平均		07-11平均	
1,005,131	18.5	1,118,966	13.9	1,198,602	13.0	1,753,276	21.7
1,515,031	27.8	2,148,314	26.7	1,859,406	20.2	1,789,661	22.2
852,291	15.7	2,113,252	26.3	2,660,649	28.9	1,702,596	21.1
186,720	3.4	413,320	5.1	579,760	6.3	118,856	1.5
5,443,139	100.0	8,042,339	100.0	9,193,115	100.0	8,077,354	100.0
209,801	3.9	293,851	3.7	289,327	3.1	279,274	3.5
533,455	9.8	604,397	7.5	639,160	7.0	670,239	8.3
96,039	1.8	94,711	1.2	4,508	0.0	0	0.0
0	0.0	47,788	0.6	90,449	1.0	4,354	0.1
55,088	1.0	170,830	2.1	71,305	0.8	0	0.0
295,496	5.4	358,383	4.5	403,897	4.4	445,963	5.5
0	0.0	0	0.0	0	0.0	0	0.0
31,002	0.6	32,226	0.4	27,028	0.3	25,428	0.3
940	0.0	940	0.0	1,020	0.0	1,000	0.0
282,210	5.2	341,797	4.2	395,636	4.3	414,167	5.1
1,504,031	27.6	1,894,570	23.6	1,868,060	20.3	1,778,731	22.0

質別歳出の推移
(単位:千円, %)

92-96平均		97-01平均		02-06平均		07-11平均	
1,681,301	31.9	1,781,336	23.0	1,486,388	16.1	1,378,352	17.6
233,566	4.4	287,321	3.7	276,728	3.0	526,040	6.7
417,339	7.9	427,102	5.5	395,788	4.3	515,149	6.6
752,877	14.3	989,030	12.8	1,086,109	11.8	1,294,812	16.6
1,200,786	22.8	2,812,600	36.3	4,243,306	46.0	1,817,530	23.3
480,879	9.1	1,901,751	24.5	3,494,556	37.9	1,042,613	13.4
719,906	13.6	910,849	11.7	748,733	8.1	774,917	9.9
5,276,753	100.0	7,754,449	100.0	9,224,631	100.0	7,809,380	100.0

金)の推移をみたものである．これをみると，1990年代において普通建設事業費支出金が激減していることがわかる．最も少ない95年度はわずか320万円でしかない．同年度の補助事業費総額は，これを含めて400万円にすぎなかった．1996年11月に嘉手納町で聞き取り調査を行った際，この点について質問したところ，狭い市域でやれるだけのことはやったので，もう

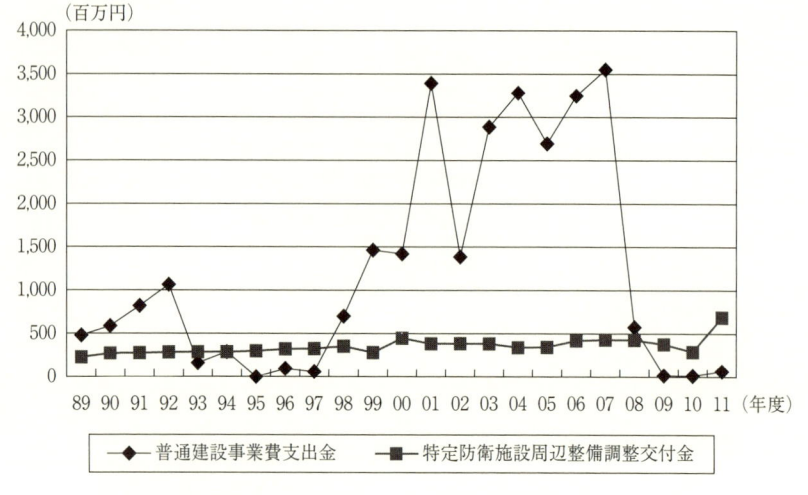

出所)　沖縄県企画開発部離島振興局市町村課『市町村行政概況』各年，より作成.

図 5-1　嘉手納町における国庫支出金の普通建設事業費支出金と特定防衛施設周辺整備交付金

することがない．なまじ事業を起こせば住民の居住区域がそれだけ狭くなり，人口減少につながるだけであるという旨の回答が返ってきた．

　他方，90年代後半から再び補助事業費が急増しているのは，先に述べた新たな基地維持財政政策の1つである島田懇談会事業によるところが大きい．それは市街地再開発事業，マルチメディア関連事業，総合再生事業の3事業からなり，総予算額は250億円に達する．なかでも最大規模の事業は，嘉手納町の中心地であるロータリー及び新町地区の再開発をおこなう市街地再開発事業で，総事業費は200億円を超える．このうち市街地再開発事業によって建設された「ロータリー1号館」には，基地被害を防衛省の職員に肌で感じてもらいたいという前町長の強い意向を受けて，那覇防衛施設局が入居している[10]．

　では，この事業は嘉手納町地域経済にどのような影響を及ぼしているであろうか？　筆者が2011年9月の聞き取り調査で入手した資料にもとづいて

検証してみよう．

　まず市街地再開発事業については，那覇防衛施設局や大手スーパーなどの入居により，その賃貸料で維持費を賄えているという．しかし，従前居住者については，120世帯389人のうち残留したのは，26世帯75人に過ぎず，転出世帯のうち46世帯152人が町外へ転出しており，かえって人口の減少を招くこととなっている．

　マルチメディアタウン事業による公共施設は指定管理者による運営がなされ，6企業が入居し413名の雇用が発生している．ただし町内在住者は32名にすぎない．

　総合再生事業により建設された「道の駅かでな」も指定管理者による運営がなされ，6事業者が入居し，34人の就業者のうち16人が町内在住者である．ここではさまざまな県産品が販売されているが，うち町内産はごく一部の9品目しかないのである．

　このように200億円をこえる国費を投じた事業であったが，従前居住者の3分の1を町外に転出させることとなり，発生した雇用の多くは町外居住者がしめ，「道の駅」には売る産品が十分に提供できていないというのが実情である．島田懇談会事業の目的の1つである「基地の存在による閉塞感を緩和する」ことが最も切実に求められているのが嘉手納町であり，総事業費の2割以上も投じられたのは，それ故のことと思われる．しかしどんなに巨費を投じて経済活動の場が提供されたとしても，面積のほとんどを基地に占領されて，本部町との比較で示したように地域の経済力が脆弱なままでは，必要な人材や製品を提供することが極めて困難であることを，この事例は示している．

おわりに

　第7章で明らかにするように，復帰以後，沖縄の経済振興のために多額の国費が投じられてきたが，それはあくまで過重な基地負担を前提としたもの

であった．その負担の'見返り'として，さまざまな名目で基地所在市町村には多大な基地関係収入がもたらされた．こうした政策の縮図ともいうべき嘉手納町の地域経済について，人口規模がほぼ同じで，本島北部地域にある本部町と比べると，本島中部の要衝地にあるにもかかわらず，地域の経済力は脆弱であった．そして財政をみると，復帰当初から補助金を投じて大量の公共事業がおこなわれたものの，基地の存在が，税源を著しく制約している上に，90年代の補助事業費急減が示すように，国の補助事業を展開する余地さえ奪っているのである．

　今世紀に入ると，200億円をこえる巨費を投じて，「閉塞感の緩和」をめざす島田懇談会事業による再開発事業などがすすめられた．それによって，一定の雇用や製品販売の場は提供されたものの，就業者の多くは町外在住者であり，町内産製品の供給も限られていた．要するに，町面積の80％以上もしめる巨大な基地の存在が，嘉手納町における人材育成や生産物の供給力などの地域経済力を脆弱化させているのである．このことは，どんなに巨費を投じて事業を行うよりも，基地を返還することこそが最良の地域経済振興策であることを改めて示しているといえるであろう．

注

1) 以上の歴史は，嘉手納町基地渉外課『嘉手納町と基地』2010年，によっている．
2) 沖縄県知事公室基地対策課『沖縄の米軍基地』2008年，より．
3) その判断と基準は，「密集市街地のうち，延焼危険性又は避難困難性が高く，地震時等において最低限の安全性を確保することが困難」とされている（国土交通省報道発表資料「地震時等に著しく危険な密集市街地について」2012年10月12日，より）．
4) 以下の域内純生産については，沖縄県企画部統計課『2010年度市町村民所得』，による．
5) 就業者数は，沖縄県企画部統計課『2010年国勢調査確報値』，による．
6) 嘉手納町域内の地主と軍用地料は，前掲『嘉手納町と基地』，による．
7) 嘉手納町基地渉外課によると，2012年度1年間に嘉手納基地から発生した騒音回数は，屋良地区で3万8554回，1日平均111回であった．うち午前10時から翌午前6時までの夜間早朝は4137回で，5年連続で年3千回を超えている．以上

は,「嘉手納基地騒音　屋良で17.5％増」『琉球新報』2013年5月18日付, による.
8) 「離着陸3割が外来機」『琉球新報』2011年4月29日付.
9) 訴訟の詳細については,新嘉手納基地爆音差止訴訟原告団『5540新嘉手納基地爆音差止訴訟記念誌』2011年9月,「静かな空へ新たな闘い」『琉球新報』2011年4月28日付, を参照.
10) 市街地再開発事業の国庫補助率は原則3分の1であることからして,9割補助となっているこの事業に,国土交通省は消極的であった.結局,総事業費173億円のうち再開発にかかる国負担分の事業費は155億円となり,うち国土交通省負担は62億円,防衛省負担は93億円となった.「防衛省は総事業費の過半を負担した補助事業の中核ビルに,毎年2億円のテナント料を支払って,地方機関（沖縄防衛局）を入居させる羽目に」（渡辺豪,前掲『国策のまちおこし』108頁）なった.

第6章
名護市にみる基地維持財政政策の実態

はじめに

　第5章に続く典型自治体の事例分析の対象として本章では，名護市を取り上げる．

　繰り返し述べてきたように，普天間飛行場撤去の条件としての新基地建設予定地を有する名護市には，新基地受け入れの見返り的な性格が濃厚な財政支出が最も多く投入されてきた．またすでに指摘した米軍再編交付金の問題点が端的に表れているのも名護市である．

　そこで以下では，基地の存在が名護市の地域経済と財政にどのような影響を及ぼしているかを明らかにし，次いで1990年代半ば以降の新たな基地維持財政政策がどのような'成果'をあげているかを検証することとしたい．

1. 名護市の地域特性

　沖縄本島北部地域の中心都市である名護市は，復帰前の1970年に名護町，屋部村，羽地村，屋我地村，久志村の1町4村が合併して誕生した市である（合併前の行政区域は図6-1を参照）．市の面積は約2万1千haで，本島内市町村のなかでは最も広い面積を有している．名護市は復帰直後の1973年に，「逆格差論」に立脚した『名護市総合計画・基本構想』を発表した．「逆格差論」とは，この構想を作成したメンバーのひとりである地井昭夫による

図 6-1 名護市の行政区域

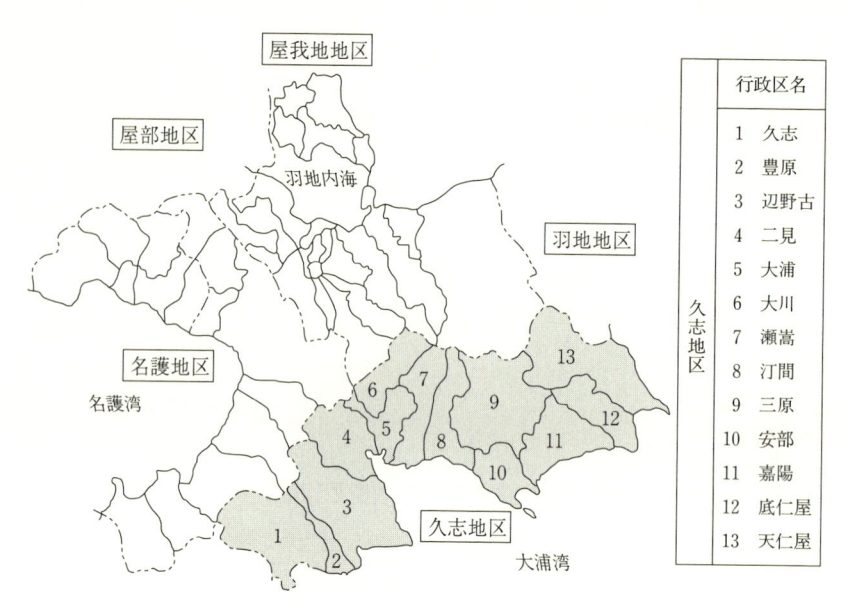

行政区名	
1	久志
2	豊原
3	辺野古
4	二見
5	大浦
6	大川
7	瀬嵩
8	汀間
9	三原
10	安部
11	嘉陽
12	底仁屋
13	天仁屋

出所) 若林敬子『沖縄の人口問題と社会的現実』東信堂, 2009年, 115頁, より.

と,「沖縄県民のフロー経済としての名目所得には確かに大きな格差があるが, 農漁業や種々の伝統に支えられてきたストック部門(自給的経済)を含めた, 暮らしやコミュニティーの内実は逆にかなり豊かなものであり, その暮らしや地域の仕組みを守り発展させることが沖縄振興の基礎である」[1]という考えである. この考えに立脚した基本構想は, 所得格差論にもとづいて作成された沖縄振興開発計画を厳しく批判し,「沖縄における自立経済社会建設の戦略的課題は, その農林漁業や地場産業を正しく発展させることにある」と主張した.

このような名護市における基地維持財政政策の展開を述べるに際して留意しておきたい名護市の地域特性の第1は, 市域のほとんどが山林や農地など非市街地でしめられ, わずかな市街地は主として西海岸の旧名護町(図6-1の名護地区)にあり, 人口もそこに集中していることである. 表6-1は, 合

併当時の人口と2011年度末現在の人口を旧町村別に比較したものである．この間，総人口は4万3191人から6万472人へと合併時と比べ1万7281人，40％ほど増加している．その増加人口のうち名護地区が1万3435人をしめており，その結果，合併当時の名護地区の人口

表 6-1　名護市旧町村別人口の推移

	1970年	2012年	増減
名護地区	22,107	35,542	13,435
屋部地区	3,980	9,414	5,434
羽地地区	8,080	9,104	1,024
久志地区	5,660	4,726	▲934
屋我地地区	3,364	1,686	▲1,678
合計	43,191	60,472	17,281

出所）1970年は『名護市統計書』2012年は名護市HPより，作成．

は総人口の半分ほどであったのが，今では6割近くをしめていることがわかる．他方，名護地区から離れている屋我地地区と久志地区の人口は減少しており，基地新設が計画されている辺野古を含む久志地区の人口は4726人，総人口の8％ほどでしかないのである．

　第2に留意しておくべき点は，米軍基地分布の特性である．名護市には，キャンプ・シュワブ，キャンプ・ハンセン，辺野古弾薬庫，八重岳通信施設の4つの施設・区域があり，その総面積は2335haで，県内米軍基地所在自治体のなかでは国頭村，東村に次いで3番目の広さを有する．うちキャンプ・シュワブが2042haとほとんどをしめている．他方，市域面積にしめる割合は11.1％と，行政区域面積にしめる米軍基地の割合が1割以上ある県内14自治体のなかでは最も少ないのである（前掲表2-5）．だが，行政区域の8割以上を嘉手納基地がしめている嘉手納町，市の中心部を普天間飛行場が占拠し，基地を取り囲むようにドーナツ型の市街地が形成されている宜野湾市などとの決定的な相違は，圧倒的多くの名護市民は日常的に基地と隣り合わせの生活をしているわけではないということである．というのは，すでに述べたように市人口のほとんどが西海岸沿いの市街地に集中する一方，基地は東海岸の旧久志村などの非市街地に集中しているからである．そして，普天間飛行場撤去の条件としての新基地建設予定地は，米軍基地キャンプ・シュワブの海域と陸上部であり，先の図6-1に示した旧久志村の辺野古，久

志，豊原の3行政区が「地元」と位置づけられている．

なお，第4章で紹介した「再編の実施のための日米ロードマップ」(2006年5月1日)によると，新基地は「辺野古岬とこれに隣接する大浦湾と辺野古湾の水域を結ぶ形で設置し，V字型に配置される2本の滑走路はそれぞれ1600メートルの長さを有し，2つの100メートルのオーバーランを有する．各滑走路の在る部分の施設の長さは，護岸を除いて1800メートル」となっている．また，防衛省が2013年3月22日に沖縄県に提出した公有水面埋立承認申請書によると，埋立面積は作業ヤード5haを含む約1600ha，埋立土量は約2100万m^3となっている．

第3の留意点は，名護市における基地関係収入の構造的特徴である．図6-2は，名護市における基地関係収入の推移をみたものである．まず島田懇談会事業，SACO関連事業などが本格化し基地関係収入が急増する1998年度以前をみると，財産運用収入が多くを占めていることがわかる．すでに第3章で述べたように，名護市をはじめとする北部地域における財産運用収入の比重が高い自治体では，市有地の入会権にもとづいて軍用地料の一定割合を配分する「分収制度」にもとづいて，その収入の多くが地元の行政区に配分されている．先の表3-4によると，名護市の2010年度軍用地料収入は約19億円ほどであるが，うち7億6千万円ほどが行政区に配分されている．つまり，残り11億円以上が市の実質的な収入額となるのである．多くの名護市民にとって米軍基地は，遠くにあるのに11億円もの財政収入をもたらす存在なのである．復帰前の合併を「久志は，軍用地料を持って名護に嫁入りした」[2]とたとえる人も少なくないといわれる由縁がここにあるといえる．

この名護市を中心とする本島北部地域は，面積の3分の2を森林がしめ，那覇から遠隔の地にあることなどのため，復帰後の人口増，都市化の進展は本島中南部に及ばなかった．例えば，人口についてみると，北部地域の人口は復帰前の1950年の14万5335人をピークとして減少が続き，75年の復帰記念海洋博の開催によって若干増加したものの，その後はほぼ横ばいで推移した．95年の国勢調査以降は微増傾向にあり，2010年のそれは12万7813

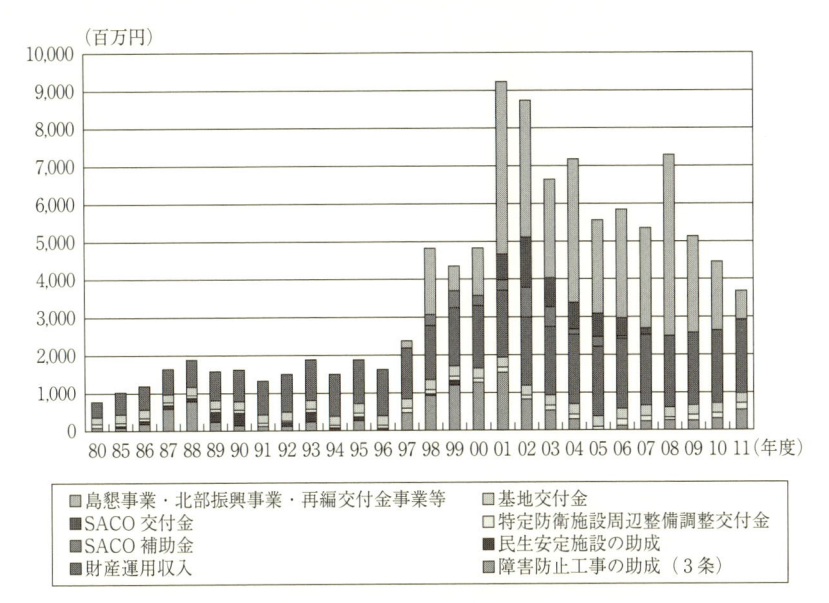

第6章　名護市にみる基地維持財政政策の実態

(百万円)

凡例：
- 島懇事業・北部振興事業・再編交付金事業等
- 基地交付金
- SACO交付金
- 特定防衛施設周辺整備調整交付金
- SACO補助金
- 民生安定施設の助成
- 財産運用収入
- 障害防止工事の助成（3条）

出所）名護市財政課『基地関係収入等決算額の状況』より作成.

図6-2　名護市における主な基地関係収入の推移

人となった（県人口の9.18％）．しかし増加人口の多くは名護市の中心部に集中しており，北部地域全体としては過疎化が進行しているのである．

こうした地域経済の衰退に歯止めをかけるべく，北部の中心都市である名護市は，バブル経済期にはリゾート開発，バブル経済が崩壊した1990年代には大学設置に取り組んできた．94年に公設民営方式で開学した名桜大学創設に際しては，92年度から97年度まで総事業費66億円余を要したが，うち53億円を市財政で負担した．その53億円の財源内訳をみると，起債が29億円，一般財源が23億円，残りが寄付金によってまかなわれている[3]．旧名護町を中心に人口が増え続けている名護市は，増加する人口を吸収するための公共投資が必要である．加えて，各種開発事業に力をいれることにより，公共事業費に依存した地域経済構造が形成されることとなった．事実上，新基地建設の見返りである北部振興事業等を受け入れることとなった背景に

は，こうした事情もあることに留意しておく必要があるであろう．以上の地域特性を踏まえて，新たな基地維持財政政策が名護市財政にどのような影響を与えているかを検証することとしよう．

2. 補助事業によって膨張する名護市財政

図6-3は，名護市一般会計の復帰以降の主な性質別歳出の推移をみたものである．復帰後しばらくは人件費と補助事業費がほぼ同水準であるが，1978年度に補助事業費が人件費を上回ってからは，83，86，92年度にほぼ同水準となっている以外は，補助事業費が人件費を上回っていること，なかでも98年度ころからの補助事業費の増加が顕著であることがわかる．09年度以降は扶助費が補助事業費を上回っているものの，名護市財政の最大の特徴は，復帰当初はもとより今日なお補助金に依存した投資的経費の比重が高い状態が続いていることにあるといえよう．

前章で取り上げた嘉手納町は，1990年代前半に補助事業費の比重が顕著に低下したが（前掲表5-4），その後は新たな基地維持財政政策のうちの島田懇談会事業によって再び膨張することとなった．では名護市はどうであろうか．基地関係収入の内訳の推移をしめした先の図6-2によると，98年度から島田懇談会事業・北部振興事業を中心に急速に増加していることがわかる．また，環境整備法8条補助金（民生安定施設の助成）は98年度からはほとんどSACO特別分がしめており，それがなくなった07年度からは計上されていない．9条交付金については，97年度以降おおむね1億円余となっているが，01年度からはSACO特別分が加わって07年度まで大幅な増加を示している．

名護市が新たな基地維持財政政策を活用して2010年度までにおこなった事業数および総事業費は次のとおりである[4]．

● 島田懇談会事業（97-08年度）13事業，96億5154万円（うち国費86

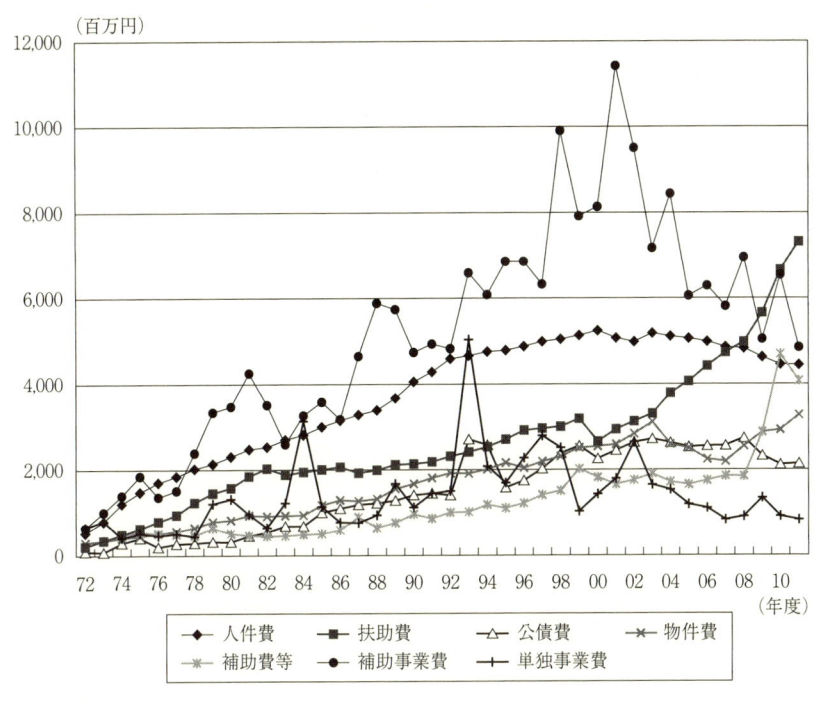

第6章　名護市にみる基地維持財政政策の実態　　143

出所）名護市決算カード，より作成．

図6-3　名護市における主な性質別歳出の推移

　　　億7073万円）

　　財政措置：適債事業は9割補助，1割は起債で充当，償還財源は全額
　　　　　　普通交付税および特別交付税措置
　　　　　　非適債事業は9割補助，1割は特別交付税措置
● 北部振興事業公共事業（2001-10年度）24事業，85億8630万円（うち
　　国費66億8215万円）
　　財政措置：従来の公共事業と同じ（沖縄振興特別措置法等にもとづく
　　　　　　高率補助）
● 北部振興事業非公共事業（2000-10年度）30事業，199億498万円（う
　　ち国費180億5589万円）

財政措置：島田懇談会事業非適債事業と同じ
● 沖縄北部活性化特別振興事業（2010年度）
　　公共事業：3事業，1億3280万円（うち国費1億618万円）
　　　財政措置：従来の公共事業と同じ（沖縄振興特別措置法等にもとづく高率補助）
　　非公共事業：2事業，3億498万円（うち国費2億4397万円）
　　　財政措置：補助率は8割で適債事業は既存の起債措置で対応，非適債事業は50％が後に交付税措置
● SACO補助金事業（98-06年度）21事業，33億3423万円（うち国費29億8968万円）
● SACO交付金事業（01-07年度）60事業，49億2365万円（うち国費45億8618万円）

　このように名護市は10年余の間に，新たな基地維持財政政策に依拠して153事業，総額468億円もの事業を展開してきたのである．先に述べたように，リゾート開発に続く名桜大学建設事業はおおむね1996年度で終了した．翌97年度から島田懇談会事業が始まり，21世紀になると北部振興事業，SACO関連事業と次々と新たな資金による事業が続いている．もはや名護市にとって，こうした資金による事業展開が，日常茶飯事のことになってしまっている．しかも，北部振興事業の公共事業とSACO補助金事業はおおむね9割補助，他は事実上10割補助という格段の優遇措置が講じられているのである．

3. 膨張した財政資金の地域配分

　先に名護市では，人口が少ない東海岸に基地が集中していることを指摘した．他方，新たな資金は，第4章で指摘したように，事実上，その東海岸に新たに基地を建設することを容認する見返りとしての性格が濃厚であった．

ではそれらがどの地域に投入されたのであろうか．

まず島田懇談会事業については，13事業が採択され，総事業費も90億円余と県内総事業費の1割ほどをしめている．名護市の地域特性との関連で留意しておくべき点は，名護市で実施されている島田懇談会事業のうち，マルチメディア館を除くと，ほとんどが基地から離れた西部地域で行われていることである．なかでも多くを占めるのが「人材育成センター整備事業」である．その内訳をみると，留学生センター，多目的ホール，総合研究所という名桜大学が指定管理者となっている施設，およびネオパーク国際保存研究センターなどである．ネオパークの前身となる施設は，1987年に県や市が出資し，第三セクターとしてオープンした．用地を借り受けて運営したが，経営に行き詰まり92年に解散した．その運営資金として，金融機関から借地を抵当に入れた借入金が返済されないままだったため，別の第三セクターが引き継いで営業を再開したものの，土地は競売にかけられそうになった．そこで島田懇談会事業でこの土地を買い取る，つまり金融機関の不良債権を公的資金で救済することによってどうにか息を吹き返したのである[5]．

すでに述べたように，「沖縄米軍基地所在市町村に関する懇談会提言」（1996年11月）によると，この事業の趣旨は「基地の存在による閉塞感を緩和するため」であるという．嘉手納町や宜野湾市のように行政区域の多くを基地に占拠されている地域なら，基地の存在による「閉塞感」は明白であろう．しかし名桜大学の施設が不足しているとしても，それは決して「閉塞感」によるものではない．ネオパークへの資金投入は，経営面での失敗によるものであって，基地の存在故のことでは決してない．にもかかわらず，遠隔地にある東海岸に基地が存在していることによってこれだけの財政支出がおこなわれているのである．

また，島田懇談会事業とほぼ同じ時期に環境整備法8条補助金（民生安定施設の助成）の特別分であるSACO補助金事業がおこなわれた．これは当初，旧久志村のうち，米軍基地がなく，軍用地料の分収金の配分の対象となっていない二見以北10区（図6-1の久志地区の行政区4～13）を対象とし

た公民館など施設建設事業として始められた．二見以北10区は，先に述べた基地新設の「地元」とは位置づけられていないが，基地が新設されると深刻な騒音被害が予想されるため，反対運動が熱心に展開されているところである．1997年末に基地新設の受け入れをめぐる住民投票がおこなわれているときに，旧防衛施設庁がこの事業を持ちかけてきた．市関係者によると「基地問題とは別」と繰り返し説明して区長を説得したという[6]．この事業経費によって，2000年度までに二見以北10区の公民館はすべて建て替えられた．以後の使途をみると，久志，豊原，辺野古を含む旧久志村すべての行政区を対象として，公民館，公園，漁港施設の整備などに活用されている．しかし，これは9割補助であり，残り1割は，主に行政区からの寄付金によって賄われているようである．では，各行政区は1割だけといえ，みずから負担して公民館等の建設に同意したのであろうか？

実は，これら二見以北10区には，第4章で述べた97年度から普通交付税の算定項目に加えられた基地補正にもとづき名護市へ配分された資金を原資とする「地域振興補助金」が配分されており，寄付金は，これを充当したものなのである．名護市の「普通交付税における基地関連経費の傾斜配分に係る久志二見以北10区地域振興補助金交付要綱」第1条によると，その趣旨は「これまで本市における駐留軍用地賃貸借料の分収金の配当で還元を受けられなかった久志二見以北10区の地域振興を図ることを目的」としたものであるという．補助金額は年6000万円以内，均等割と人口割にもとづいて各区に配分され，使途は「区の運営及び振興事業に要する経費」と定められているだけである．名護市財政課の資料による2010年度の交付額をみると，最も多いのが三原区で885万6000円，最も少ない大川区で477万6000円となっている．図6-4は，二見以北10区の歳入予算額が，この補助金によってどれだけ膨張しているかを示したものである．二見，大浦，大川，瀬嵩はこの補助金がほぼ半分を占めていること，汀間，底仁屋，天仁屋は，これまでの収入を大きく上回る補助金を得ていることがわかる．先の表3-4で示した分収金には遠く及ばない金額であるが，これらは反対運動への懐柔的な側

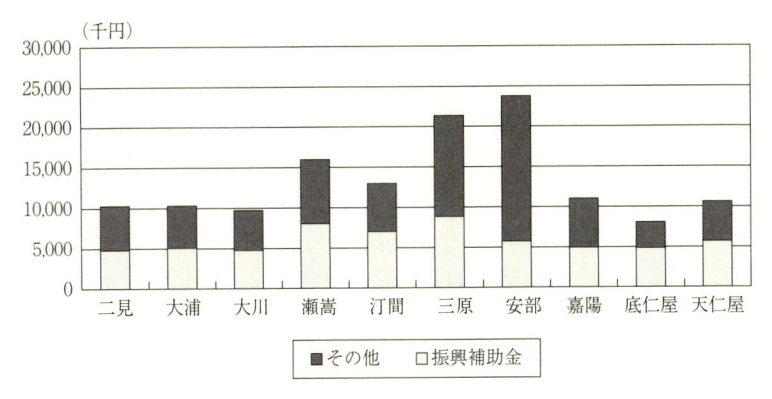

第6章　名護市にみる基地維持財政政策の実態　　　147

図6-4　二見以北10区の歳入構造（2010年度）

出所）名護市財政課作成資料にもとづき作成．

面が濃厚な資金といえよう．

　そしてこのSACO関連事業には，2001年12月に開かれた名護市議会に提出された補正予算から環境整備法9条交付金特別分であるSACO交付金による事業が加わることとなった．交付金であるので，採択された事業の多くが10割補助となっている．また，SACO補助金とは異なり，このSACO交付金および北部振興事業は，名護市全域を対象として展開されている．

　このような資金散布構造は，日本における迷惑施設立地政策——迷惑施設を少数者に押し付けて，その犠牲の上に便益を多数者が享受するというモラルハザードをもたらす政策——の縮図ともいうべき状況を呈しているといってよいであろう．こうした事業費配分の歪みにつけ込み，米軍再編による当初案を容認しない名護市と地元の分断を図ろうとしたのが，守屋武昌前防衛事務次官である．守屋は一連の振興策がいかに西海岸に集中しているかを示すデータを作成して，折に触れてそれを地元に提示したという．その資料では，国の振興事業によって整備された施設の配置状況を図で示し，96年度から05年度の間に名護市に投下された国庫支出金846億円のうち「大規模事業はほとんど名護市西側に集中」，「基地が存在することによる事業にも関わらず辺野古地区への事業はゼロ」，「普天間飛行場の移設に基づく事業であ

るにも関わらず辺野古地区の割合はわずか6%」といった見出しを付け,地元区への配分の低さを強調した円グラフなどを掲載していたという[7].

最後に,このようにして名護市をはじめとする北部地域での大量の財政資金散布によって,わずかでも北部地域経済によい兆しは見られたかを示しておきたい. 一例として,市内純生産をみることとしよう. 純生産とは,市域内での生産活動によってもたらされた付加価値額から,建物・機械設備等の減耗分や生産・輸入品に課される税を除いたものである. 市町村民所得統計では,資料の制約から付加価値を「生産」と「分配」の二面から把握し,「市町村内純生産」と「市町村民所得の分配」の2系列で表し,前者を属地主義,後者を属人主義で捉えている. したがって,純生産とは,当該自治体内での生産活動を示す指標といってよい. 表6-2は,2001年度と10年度の純生産の変化をみたものである. この期間における北部地域全体の純生産は2617億円から2422億円へと10%も減少している. 県内の他地域で減少しているのは,宮古地域だけであるが,その減少率は0.22%ほどにすぎない. また北部地域の前年度比増加率の推移をみると08年度まで減少が続き,09年度にようやく0.9%増,10年度に0.5%増となったにすぎない.

名護市だけの純生産について1997年度から10年度までの前年度比増加率をみると,この間,名護市の純生産が増加したのは5回だけで,県全体の増加率を上回ったのは6回だけである[8]. さらに2010年国勢調査によって就業者数の動向をみると,名護市の完全失業率は11.2%と05年の12.5%に比べ若干の改善をみせている. しかし就業者数は2万4142人と,05年の2万4263人とほぼ同水準である. 内訳をみると,建設業が2629人から2015人へ,製造業も1432人から1206人へと第2次産業の減少が著しいのである. これは,長年にわたる膨大な資金投与にもかかわらず,地域の経済力向上に必ずしも結びついていないことを示唆している. また,異常な事業費投入による反動であろうか,建設業就業者数の減少が顕著であり,有力建設会社の破綻が2008年になって相次ぐという事態も生じている[9].

こうしてみると,多額の資金投入にもかかわらず,地域経済の改善に結び

表6-2 市町村別純生産の推移
(単位；百万円)

	2001年度	2010年度	増減
名護市	121,330	111,368	▲9,962
国頭村	10,587	9,787	▲800
大宜味村	6,813	4,881	▲1,932
東村	3,746	3,922	176
今帰仁村	13,488	13,007	▲481
本部町	26,664	21,792	▲4,872
恩納村	31,504	29,273	▲2,231
宜野座村	9,718	11,575	1,857
金武町	18,674	20,292	1,618
伊江村	9,352	9,673	321
伊平屋村	5,844	2,719	▲3,125
伊是名村	4,044	3,936	▲108
北部	261,764	242,225	▲19,539
中部	935,116	951,166	16,050
南部	331,552	348,725	17,173
那覇	822,579	840,203	17,624
宮古	108,796	108,541	▲255
八重山	105,549	106,113	564

出所) 沖縄県企画部統計課『市町村民所得の概要』各年，より作成．

ついているとは決して言えないであろう．

4. 米軍再編交付金の不交付

　島田懇談会事業はすでに終了し，07年度にいったん凍結されて後復活した北部振興事業は，第4章で述べたように10年度以降も名称を変更して継続したものの，予算額は3割減（12年度からは5割減）で，予算措置額も後退した．SACO事案であった普天間飛行場撤去の条件としての新基地建設計画は米軍再編事案となったために，先の図6-2で示したように，SACO補助金は07年度から，SACO交付金は08年度から計上されていない．これを補うかのように登場したのが米軍再編交付金なのである．しかしこれは，第4章で述べたような特異な性格を有しており，その特異性は名護市には次

のように現れることとなった.

すでに述べたように，この交付金が導入された当時の名護市長は普天間飛行場撤去の条件としての新基地建設そのものには反対していなかったものの，建設位置の変更を求めていたため,「再編の円滑な実施に資する」とみなされず，当初は再編交付金の対象外であった．しかし沖縄防衛局の環境アセスメントの本調査が2008年3月17日に始まり，名護市もアセス調査を許可したことなどにより，3月31日に交付指定されることとなった[10]．

2010年1月の市長選挙においては，新基地建設を拒否することを公約した候補者が当選した．新市長は，当選後まもない10年度予算編成に際して，米軍再編交付金について新規計上はしないものの，前市長時代からの継続事業については計上することとした．ところが防衛省は，この継続事業分について，10年度分約9億9千万円の内示を保留した上に，09年度内示分の6割に当たる約6億円についても交付を保留した．市側の再三の要望にもかかわらず保留を解除せず，2010年12月24日には正式に不交付決定の通知をおこなったのである．

では名護市は，再編交付金によってどのような事業をおこなおうとし，不交付決定を受けてどのような対応をしているであろうか．表6-3は，不交付となった事業名，事業内容及び2012年10月現在の対応状況をみたものである．新市長は新規計上を見送ったので，これらはいずれも前市長が手をつけた継続事業である．これら事業のうち，基地の存在を連想させるのは，2009年度からの繰越事業の1つである「航空機騒音測定器維持管理事業」だけであろう．国際情報通信・金融特区構想と関連する「豊原地域活性化事業」を除くと，いずれもどこの自治体にでもありそうな通常の事業である．これらのうち，統合久志小学校の用地取得費である小中一貫校推進ハード事業については，同校が12年度に開校を予定していることからして，必要性は高いといえよう．そのため，09年度からの繰越事業であった運動場整備事業は市単独事業に振り替え，10年度予定事業であった体育館整備事業は文部科学省の補助金を活用して事業をすすめることとした[11]．基金造成ができなく

第 6 章　名護市にみる基地維持財政政策の実態

表 6-3　再編交付金の不交付決定に伴う対応状況（2010 年 12 月 24 日付，2010 年度再編交付金の不交付通知）

【2009 年度からの繰越事業】　　　　　　　　　　　　　　　　　　　　2012 年 10 月現在

	事業名	事業担当課	事業内容	2009 年度事業分の対応について	備考
1	市道為又 17 号線整備工事	建設土木課	用地購入物件補償整備工事	用地購入・物件補償については，公社による用地の先行取得を完了しており，今後，防衛補助金等を活用して買い戻していく予定で，2011 年度には一部買い戻しを行った．整備工事についても調整交付金事業を活用して対応予定．	事業実施
2	久志小中一貫校屋外運動場整備事業	教育施設課	実施設計用地購入グラウンド整備等工事	設計・用地購入については，単独事業として実施し，完了済み．グラウンド整備工事のうち，一部を文部科学省の補助事業として実施，完了済み（その他は単独事業として実施し，完了済み）．残工事として，グラウンド整備に伴い，廃止した農道の機能付替え工事を 2012 年 10 月から実施する予定となっている（単独費で対応）．	事業実施
3	喜瀬交流プラザ整備事業	教育施設課	実施設計建築工事	一括交付金事業を活用して対応予定．2012 年 8 月臨時市会の補正第 4 号にて予算が可決されており，2012 度において事業実施する予定．	事業実施
4	大東体験学習施設建設事業	建築住宅課	実施設計建築工事	地域活性化交付金（きめ細かな交付金）事業へ振替し，2011 年度中に事業完了．	事業完了
5	名護市地域振興推進事業	振興対策室	各種委託調査費各区への助成金	再編交付金不交付により，事業実施不可	事業中止
6	航空機等騒音測定器維持管理事業	基地対策室	騒音測定器維持管理費	2009 年度に再編事業で設置済みの騒音等測定器の，電気・通信料及び今後発生する機器等の保守管理費については，市単独費で対応．	事業実施
	6 件				

【2010 年度予定事業】　　　　　　　　　　　　　　　　　　　　　　　2012 年 10 月現在

	事業名	事業担当課	事業内容	2009 年度事業分の対応について	備考
1	豊原地区地域活性化事業		用地購入	沖縄県の一括交付金事業にて養鶏施設移転整備事業を進めている．移転先の地権者と名護市との覚書を 8 月 30 日に締結．名護市において移転用地を先行取得し，移転完了後に豊原養鶏場跡地との等価	事業実施

				交換により，活性化事業用地を確保し事業を進める予定．	
2	久辺小中学校体育館整備事業	教育施設課	建築工事	小学校の体育館は，2011年度事業として文部科学省の補助を受け事業完了済み．中学校の体育館については補助事業を検討し，優先度等を勘案して対応．	一部事業完了
3	喜瀬多目的広場整備事業	建設計画課	便益施設設計 土地鑑定評価 用地測量，用地買収 物件調査，物件補償	他の補助事業も検討し，優先度等を勘案して対応	財源確保まで保留
4	久志多目的会館整備事業	教育施設課	建築工事	他の補助事業も検討し，優先度等を勘案して対応 実施設計：2009年10月～2010年4月30日	財源確保まで保留
5	辺野古地区市道整備事業	建設土木課	整備工事 物件補償 用地購入	用地購入・物件補償・整備工事等については，調整交付金事業を活用して2011年度より実施している．	事業実施
6	市道豊原1号線道路改築事業	建設土木課	物件調査 用地測量 整備工事	2010年度，11年度北部活性化事業にて事業実施．現在，11年度繰越にて工事継続中．	事業実施
合計 6件（09年度事業との重複分については除く）					

【2011年度以降予定事業】

11	内原地区会館整備事業	教育施設課	建築工事	地域活性化交付金（きめ細かな交付金）事業へ振替し，2011年度中に事業完了済み．	事業完了

出所）　名護市財政課作成資料（2012年10月入手）．

なったため中止となったのが09年度繰越事業の名護市地域振興推進事業と航空機騒音測定器維持管理事業であるが，このうち後者は市単独費で実施されることとなっている．そのほかの事業については，他の補助金・交付金を充てることによって，ほとんど実施されていることがわかる．そしてこの表で保留となっている2事業のうち，喜瀬多目的広場整備事業は，2013年度予算に事業費8200万円が盛り込まれることとなり，15年度までの完成を目

指して事業に着手する予定であるという[12]．
　こうしてみると，再編交付金不支給により，当初の予定より遅れることはあっても，事業は着実に実施されているのである．
　不交付決定の通知を受けて，市長は市広報に「再編交付金にたよらないまちづくりに邁進します」という所信を掲載し，市民に次のように呼びかけた．

　「再編交付金の活用を予定していた繰越・継続事業は……計画的に他財源に振り分けて実施します．しかし全ての事業を実施できるとはかぎりません．まずは事業の取捨選択を行い，必要な事業については他の補助事業・交付金事業へ切り替えて対応します．緊急性の高いものは基金や一般財源を充てても実施します．もちろんそれは計画的な財政運営に裏付けされた健全な財政状況の中で行っていくものです」
　「沖縄県内で再編交付金の交付対象市町村は4市町村のみです．国内をみても限られた自治体のみが対象となっています．再編交付金が交付されないからといって事業ができなくなるとか，ましてや市財政が破たんするというような心配は全くありません」[13]と．

　ここで述べられているのは，事業の必要性を精査し，必要性の高いものから財源を手当てして実施するという，至極まっとうな財政運営である．名護市は，辺野古への新基地建設受け入れの見返りとしての性格が明確な資金への依存を断ち，ごく当たり前の財政運営へと転換する第一歩を踏み出したのである．

おわりに

　名護市など北部地域の自治体に存在する米軍基地は，所有形態では市町村有地が多いこと，土地利用では山林が多いことにより，大量の軍用地料収入をもたらすものであった．その一部は分収金として地元の行政区に再配分さ

れている．本島北部の中心都市である名護市においては，多数の市民にとっての基地とは，日常的にはさほど認識されない存在なのである．そうした名護市における米軍基地立地と財政資金散布の構造は，日本における迷惑施設立地政策を維持する財政政策の縮図ともいえる状況にあった．すなわち，1970年に合併した旧久志村に基地が集中する一方，それがもたらす軍用地料収入は，半分近くを分収金として行政区に配分しても，名護市財政にとっては重要な歳入源となっていたのである．1997年末におこなわれた普天間飛行場撤去の条件としての新基地建設の是非をめぐる住民投票において，中央政府が打ち出した「振興」策に期待して，条件付き賛成が4割近くをしめたことの背景には，名護市におけるこうした地域構造と基地がもたらす財政資金の流れがある．しかしそれでも，名護市民の過半数は基地建設に反対の意思表示をしたのである[14]．

　1997年頃から辺野古への基地建設の見返り的な性格が濃厚な財政資金が名護市に大量に投ぜられたが，その多くが建設予定地の辺野古から遠く離れた地域での公共施設整備などに使われた．これは，上述した迷惑施設立地政策を維持する財政政策の縮図といえる名護市の基地と財政資金散布構造をより拡大するものであり，財政運営におけるモラルハザードを助長するものといえる．こうした大量の財政資金投入にもかかわらず，名護市をはじめとする本島北部の地域経済は，県内の他地域と比べてさほど良好とは言えない状況が続いた．2010年1月の名護市長選挙において，新基地新設を拒否することを公約した候補者が当選した背景には，こうした事情があったのである．

　新市長は，10年度予算編成に際して，新規の米軍再編事業は計上しなかったが，前市長時代からの継続事業については計上した．ところが防衛省は，この継続事業分について，10年度のみならず，09年度内示分も不交付とした．市長が新基地建設を認めないと主張しているのだから「再編の円滑かつ確実な実施」に差し障りがあると判断したのであろう．

　防衛省のこの理不尽な仕打ちに対し，名護市は臆することなく，再編交付金ですすめる予定であった諸事業の必要性を精査し，必要性の高いものから

財源を手当てして実行するという姿勢で臨んでいる．名護市は，辺野古への新基地建設受け入れの見返りとしての性格が明確な資金への依存を断ち，自治体としてまっとうな財政運営へと転換する第一歩を踏み出したと評価できる．

注
1) 地井昭夫「沖縄振興のもう一つの視点」『朝日新聞』1997年9月17日付，より．
2) 沖縄タイムス社編『民意と決断』沖縄タイムス社，1998年，51頁．
3) 名護市財政課より提供された資料による．なお，名桜大学は，2010年度より公立大学法人となった．
4) 以下は，名護市財政課『基地関係等収入決算額の状況』による．
5) この経緯については，宮城康博『沖縄ラプソディ』御茶の水書房，2008年，を参照．
6) 「揺れる「基地反対」」『沖縄タイムス』1999年11月4日付．
7) 以上は，渡辺豪『「アメとムチ」の構図』沖縄タイムス社，2008年，54頁を参照．
8) 沖縄県企画統計部『市町村民所得の概要』各年，より．
9) 与那嶺明彦「変調沖縄経済21　建設業の不振深刻」『琉球新報』2008年11月11日付．
10) 年度末での指定であるため，2007年度の交付分は08年度に2年度分まとめて交付されることとなった．
11) 2012年4月，小中一貫校「緑風学園」が開校した．
12) 「喜瀬多目的広場　名護市が建設へ」『琉球新報』2013年3月6日付．
13) 名護市『市民のひろば』2011年2月号，より．
14) この住民投票については，名護市民投票報告集刊行委員会編『市民投票報告集　名護市民燃ゆ～新たな基地はいらない～』海上ヘリ基地建設反対・平和と名護市政民主化を求める協議会，1999年，を参照．また，新基地建設を容認する立場からの記録として，普天間基地移設10年史出版委員会編『普天間飛行場代替施設問題10年史　決断』北部地域振興協議会，2008年，がある．

第7章
沖縄振興（開発）政策の展開と帰結

はじめに

　復帰40周年を迎え，新たな沖縄振興計画にもとづく施策が始まる2012年度の内閣府沖縄振興予算案は異例の増額となった．沖縄県は当初，総額3千億円を確保し，国直轄事業費も含めたすべてを一括交付金化するよう求めていた．国直轄分の交付金化は実現しなかったものの，一括交付金は前年度比5倍の1575億円，これを含めた予算総額は前年度比27.6％増の2937億円となり，総額では県の要望がおおむね実現されたのである．

　未曾有の大震災と原発震災に見舞われているさなかにもかかわらず，沖縄にこれだけの特別な予算をつけるのはなぜか？ 折しも，普天間飛行場撤去の条件として名護市辺野古への新基地建設に日本政府が固執していること，さらにその手続きとして環境影響評価書の提出を控えていたことなどからして，この異例の予算案は，日本政府による懐柔策の一環とみなされてもやむを得ないと思われる[1]．

　実は，1972年以降に沖縄に展開されてきた財政経済政策は，米軍基地を引き続き沖縄に押しつけておくための懐柔策の繰り返しでもあった．この点について復帰間もない頃に編纂された琉球銀行調査部編『戦後沖縄経済史』も「沖縄における経済政策は純粋にそれ自体が重要な課題とされたことはなく，基地の安全保持という至上の命題を確保するための"手段"として第二義的な意味合いしか付与されてこなかった」[2]と指摘している．同書刊行後

の今日まで,沖縄でおこなわれてきた財政政策は,どのような展開を示し,12年度予算案はどのような歴史的意義を有するであろうか.こうした課題を念頭において本章では,復帰財政経済政策40年を検証することとしたい.

1. 沖縄振興(開発)政策の特質

(1) 復帰当時の沖縄経済

ここではまず,復帰当時の沖縄経済がどのような状況にあり,復帰経済政策の課題が何であったかについて,先行研究に依拠して確認しておくこととしよう.表7-1と図7-1は,復帰当時と最近の産業別総生産と就業構造の変化を,日本全国と比較してみたものである.復帰した1972年当時の日本は高度経済成長期の末期であり,第2次産業,とくに製造業を中心とした産業構造および就業構造となっていたことがわかる.これに対し沖縄は,製造業の比重が極めて低く,第3次産業が異常に肥大化した構造となっていたのである.これは『戦後沖縄経済史』によると,「決して第1次産業および第2次産業の健全な発展に基礎づけられているわけではなく……戦後復興の初期条件として「1ドル=120B円」体制に基づく"輸入指向型"の経済政策が

表7-1 産業別県(国)内総生産(名目)の構成比

(単位:%)

	第1次産業	うち農業	第2次産業	うち製造業	うち建設業	第3次産業	うちサービス業	うち政府サービス生産者
1972年								
沖縄県	7.5	5.7	22.5	9.7	12.3	72.2	12.0	14.3
全国	5.5	3.9	43.7	34.5	8.4	54.9	10.7	7.0
2010年								
沖縄県	2.0	1.7	12.4	4.0	8.3	85.5	26.9	16.3
全国	1.2	1.0	25.0	19.6	5.4	73.0	18.9	9.1

注) 沖縄県は会計年度,全国は暦年.
出所) 内閣府沖縄総合事務局『沖縄県経済の概況』2013年3月,より.

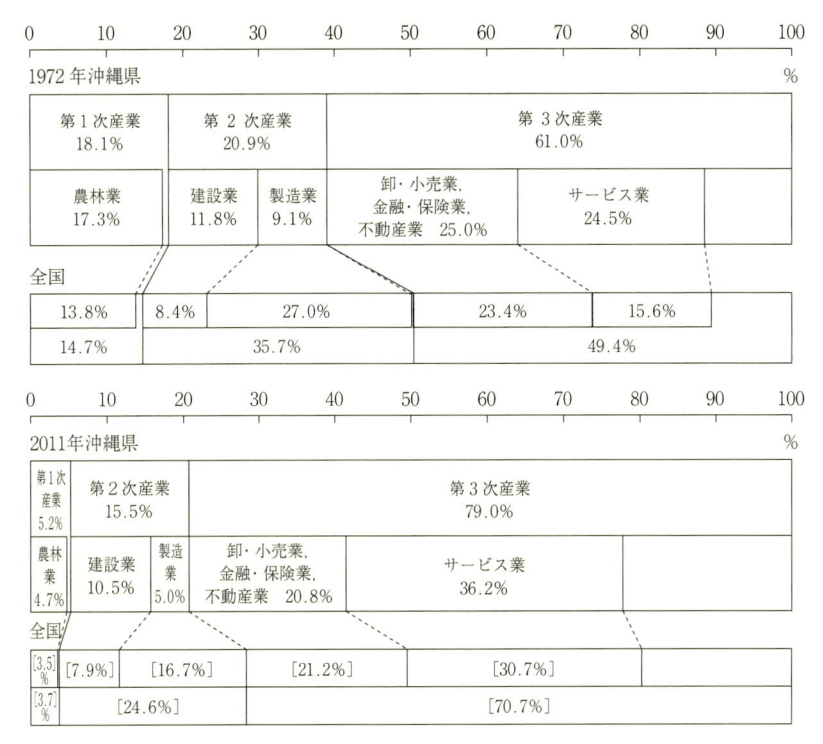

図7-1 産業別就業者数の構成比

1972年沖縄県

第1次産業 18.1%	第2次産業 20.9%		第3次産業 61.0%	
農林業 17.3%	建設業 11.8%	製造業 9.1%	卸・小売業,金融・保険業,不動産業 25.0%	サービス業 24.5%

全国

13.8%	8.4%	27.0%	23.4%	15.6%
14.7%		35.7%	49.4%	

2011年沖縄県

第1次産業 5.2%	第2次産業 15.5%		第3次産業 79.0%	
農林業 4.7%	建設業 10.5%	製造業 5.0%	卸・小売業,金融・保険業,不動産業 20.8%	サービス業 36.2%

全国

[3.5%]	[7.9%]	[16.7%]	[21.2%]	[30.7%]
[3.7%]	[24.6%]		[70.7%]	

注）1. 第1次産業…農林業，漁業
第2次産業…鉱業，建設業，製造業
第3次産業…上記以外の産業
2. ［ ］内の数値は，岩手県，宮城県，宮城県及び福島県を除く全国結果
出所）内閣府沖縄総合事務局『沖縄県経済の概況』2013年3月，より．

はめられ，さらに1958年9月ドル通貨体制に立脚する"自由化体制"へ移行した結果，地元資本のほとんどは輸入・販売を主とする第3次産業部門へ集積した」[3]ことによるというのである．こうした「輸入指向型政策がとられた結果，貿易収支は異常にバランスを失した状態にあり，その赤字を基地関連収入や日米両国政府援助で補塡するという構造」[4]となっていた．実際，復帰直前の1971年の対外受取総額は6億5550万ドルであったが，うち輸出によるものは1億920万ドルにすぎず，日米政府からの援助が1億160万ド

ル，軍用地料などの軍関係受取が2億9490万ドルであった[5]．つまり，対外受取の半分が基地関連収入によるという，その意味で基地依存経済であった．これに加えて，復帰にともない基地従業員の大量解雇が相次ぐなど，失業問題の解決も深刻な課題であった．

要するに，高度経済成長を謳歌していた日本とは対照的に，第2次産業，とくに製造業がきわめて脆弱であること，そして喫緊の課題としての失業問題をどうするのか，こうした課題の解決をめざして復帰後の財政経済政策が展開されることとなった．

(2) 沖縄振興開発政策の構造

四半世紀にわたる米軍政下にあった沖縄経済を立て直す政策をすすめるために数多くの法律が制定されたが，なかでも中核をなしたのが沖縄振興開発特別措置法（以下，2002年制定の沖縄振興特別措置法と区別するために「旧沖振法」と略記する）であった．その趣旨について，当時の主務大臣であった山中貞則は次のように述べている．

> 「沖縄の復帰に伴い，総合的な沖縄振興開発計画を策定し，これに基づく事業を推進する等特別の措置を講ずることにより，その基礎条件の改善並びに地理的及び自然的な特性に即した沖縄の振興開発をはかり，もって県民の生活及び職業の安定並びに福祉の向上に資することを目的とする」「この法律案は，本土において従来の地域立法でとられている振興開発の手法を総合的に駆使するとともに，沖縄の実情にあった産業の振興開発の方策を講じ，それらを計画的な沖縄の県づくりに役立てようとするもの」（衆議院本会議，1971年11月6日，傍点は筆者）と．

当時の日本は，新全国総合開発計画にもとづくいっそうの高度経済成長をめざす開発政策が展開されようとしていた．復帰に伴い，沖縄もそれに組み込まれることとなったのであるが，その手法は「本土において従来の地域立

法でとられている振興開発の手法を総合的に駆使する」とされている．この「従来の地域立法」というのは，旧沖振法第55条において適用除外とされた「離島振興法」「後進地域の開発に関する公共事業に係る国の負担割合の特例に関する法律」「低開発地域工業開発促進法」「辺地に係る公共的施設の総合整備のための財政上の特別措置等に関する法律」「新産業都市建設促進法」「奥地等産業開発道路整備臨時措置法」「山村振興法」「過疎地域対策緊急措置法及び農村地域工業導入促進法」を指していると思われる．要するに，条件不利地域の地域振興に係る諸施策をすべて旧沖振法に盛り込んだということであろう．

これら適用除外とされた諸法のなかでも，旧沖振法とよく似た内容となっているのが離島振興法である．それは，離島が「産業基盤及び生活環境の整備等が他の地域に比較して低位にある状況を改善するとともに，離島の地理的及び自然的特性を生かした振興を図るため，地域における創意工夫を生かしつつ，その基礎条件の改善及び産業振興等に関する対策を樹立し，これに基づく事業を迅速かつ強力に実施する等離島の振興のための特別の措置を講ずることによって，その離島の自立的発展を促進し，島民の生活の安定及び福祉の向上を図」ることを目的としている（第1条）．その政策の構造は，①国が対象地域を指定する（第2条），②基本方針を国が定める（第3条），③国が定めた方針に基づき都道府県が振興計画を定める（第4条），④事業の実施主体は国と地方自治体，⑤事業への国庫補助率の特例を設ける（第7条），というものである．

このように，国が基本指針を定めて，事業内容によっては国が実施主体となることがある，補助率を上乗せするという政策構造が，旧沖振法にもそのまま引き継がれることとなった．その主な内容は，次のとおりである．

第1に，目的として「沖縄の復帰に伴い，沖縄の特殊事情にかんがみ，総合的な沖縄振興開発計画を策定し，及びこれに基づく事業を推進する等特別の措置を講ずることにより，その基礎条件の改善並びに地理的及び自然的特性に即した沖縄の振興開発を図り，もって住民の生活及び職業の安定並びに

福祉の向上に資すること」(第1条)をかかげている．こうしてみると，「基礎条件の改善」「地理的自然的特性」「生活の安定並びに福祉の向上」など，離島振興法と同様の目的が謳われていることがわかる．離島振興法にはない「職業の安定」が盛り込まれているのは，すでに述べたように復帰にともない基地従業員の大量解雇など，雇用問題が深刻化すると予想されたことが背景にあると思われる．

　第2に，振興開発計画の策定において，沖縄県知事が案を作成するものの，決定権者は内閣総理大臣にある．つまり，沖縄振興開発計画とは，国の計画なのである．

　第3に，振興開発計画に基づく事業に要する経費について，国が負担する割合の特例を設けていることである．補助率の設定に際しては，離島振興法，奄美振興法など既存の条件不利地域を対象とした施策と比較して最も高い補助率を採用している．なかでも，道路，河川，港湾については，振興開発のためにとくに必要があるものとして所管大臣が沖縄開発庁長官と協議して指定したものについては，国の事業としておこなうことができ，その場合の補助率は100％を上限としている．

　第4に，「工業の開発を図るため必要とされる政令で定める要件をそなえている地区を工業開発地区と指定する」(第11条)，「企業の立地を促進するとともに貿易の振興に資するために必要な地域を自由貿易地域として指定する」(第23条)など，工業開発や貿易振興をめざす企業誘致政策をすすめようとしていることである．その手段として，事業用資産の買い換えの場合の課税特例，減価償却の特例などの租税特別措置や地方税課税減免措置などが設けられている．

　そして第5に，これら施策を遂行する国の機関として沖縄開発庁が設けられ，沖縄にはその出先機関として総合事務局が設置されることとなった．その所掌事務と権限は「沖縄振興開発計画の作成」「作成のため必要な調査並びに振興開発計画の実施に関する関係行政機関の事務の総合調整」「関係行政機関の振興開発計画に基づく事業に関する経費の見積もりの調整」「その

事業のうち沖縄の振興開発の根幹となるべき社会資本の整備のための事業に関する経費を沖縄開発庁に一括計上して各省庁に移しかえる」[6]とされている．

　要するに，雇用対策の一環として工業開発や貿易振興をめざし，沖縄開発庁を設けるなど沖縄固有の事情を反映した仕組みはあるものの，「基礎条件の改善」をめざすための高率補助という枠組みは離島振興法を踏襲したものといえる．「従来の地域立法でとられている振興開発の手法を総合的に駆使」とはいっても，さして目新しいものがあったわけではない．また，自由貿易制度にしても，既存の関税法を根拠とする保税制度を特定地域に立地する企業だけに適用したに過ぎなかったのである．

　こうした沖縄開発政策の基本方向に関連して，改めて強調しておかなければならないことは，復帰にともなって「新全国総合開発計画」(1969年閣議決定，以下「新全総」と略記）に，組み込まれたということである．周知のごとく，新全総は全国総合開発計画(1962年閣議決定，以下「旧全総」と略記）を上回る高度経済成長をすすめようとした計画で，1965年度を基準年次，85年度を目標年次として，国民総生産は30兆円から130～150兆円，累積総固定資本形成は1955年から10年間で63兆円であったものを7～9倍の450兆円～550兆円，基幹産業の生産規模は鉄鋼4倍，石油5倍，石油化学13倍，エネルギー需要は4～5倍となることを見込んでいた．そのために「中枢管理機能の集積と物理流通の機構とを広域的に体系化する新ネットワークの建設により，開発可能性を日本列島全域に拡大する必要がある」という目標をかかげ，方式としては「従来の拠点開発方式の内容をさらに充実させた」ものであった．

　拠点開発方式とは，「都市の過大化の防止と地域格差の縮小を配慮しながら，わが国に賦存する自然資源の有効な活用および資本，労働，技術等諸資源の適切な地域配分を通じて，地域間の均衡ある発展をはかることを目標」とした旧全総で採られた開発方式であった．それは，重化学工業を誘致する拠点都市を設けてその波及効果で地域経済をよくすることをめざしたもので

ある.しかし誘致に成功してもさほどの経済効果はなく,多くの場合は失敗に終わり,自治体には膨大な先行投資の負の遺産のみが残る結果となったことは,よく知られている[7].

それをさらに「充実」させた新全総において,大規模工業基地の建設をめざすとされていたむつ小川原,苫小牧東などが,今惨憺たる状況にあることはいうまでもない[8].オイルショックを契機とした高度経済成長時代の終焉などにより新全総は挫折を余儀なくされたものの,この途方もない経済成長をめざす全国計画の一端に沖縄も組み込まれたことを確認しておかなければならない.

というのは,1981年度までの10年計画として定めた「沖縄振興開発計画」では,「本土との格差を早急に是正し,全域にわたって国民的標準を確保するとともに,そのすぐれた地域特性を生かすことによって,自立的発展の基礎条件を整備し,平和で明るい豊かな沖縄県を実現する」ことを目標として,新全総と同じく急速な経済規模の拡大を目指していたからである.そして10年間で以下のような経済構造となることを見通していた.

すなわち,総人口は95万人から100万人を超え,新規産業の導入,観光開発等を通じて生産所得は3100億円から1兆円程度へと3倍以上増加し,県民1人当たり所得も33万円から3倍近くになると見込まれていた.その間に生産所得の産業別構成は,第1次産業は8%から5%へ,第2次産業は18%から30%へ,第3次産業は74%から65%へ変化する.就業者数は39万人から46万人に増大し,その産業別構成は第1次産業は25%から13%へ,第2次産業は18%から28%へ,第3次産業は57%から59%へ変化するとされていた.

このように3倍にも経済規模が膨張する過程で,基幹産業として期待されていたのが第2次産業であった.そしてその手段としては,「内陸部に適正な規模の工業団地を造成し,既存工業と相互に有機的な関連をはかりつつ,労働集約型工業の立地を促進する」「埋め立てが容易で大型港湾の建設が可能な本島東海岸の自然条件を活用し,臨海地域の埋立造成をすすめ,臨海工

表 7-2　沖縄振興開発特別措置法と沖縄振興特別措置法の章構成

沖縄振興開発特別措置法	沖縄振興特別措置法
第1章　総則	第1章　総則
第2章　振興開発計画及び振興開発事業	第2章　沖縄振興計画
第3章　産業振興のための特別措置	第3章　産業の振興のための特別措置
第4章　自由貿易地域	第1節　観光の振興
第5章　電気事業振興のための特別措置	第2節　情報通信産業の振興
第1節　電気事業の助成	第3節　産業高度化地域
第2節　沖縄電力株式会社	第4節　自由貿易地域等
第6章　職業の安定のための特別措置	第5節　金融業務特別地区
第7章　その他の特別措置	第6節　農林水産業の振興
第8章　沖縄振興開発審議会	第7節　電気の安定的かつ適正な供給の確保
第9章　雑則	第8節　中小企業の振興
第10章　罰則	第9節　沖縄振興開発金融公庫の業務の特例
	第4章　雇用の促進，人材の育成その他の職業の安定のための特別措置
	第5章　文化・科学技術の振興及び国際協力等の推進
	第6章　沖縄の均衡ある発展のための特別措置
	第7章　駐留軍用地跡地の利用の促進及び円滑化のための特別措置
	第1節　駐留軍用地跡地の利用に関する基本原則等
	第2節　大規模跡地の指定等
	第3節　大規模跡地給付金の支給等
	第8章　沖縄振興の基盤の整備のための特別措置
	第9章　沖縄振興審議会
	第10章　雑則
	第11章　罰則

注）　2012年度からの改正沖縄振興特別措置法では，第2章が「沖縄振興計画等」，第5章が「文化の振興等」となった．また，第7章が「駐留軍用地跡地の有効かつ適切な利用の推進に関する特別措置」となり，第95条「駐留軍用地跡地の有効かつ適切な利用の推進に関する特別措置については，沖縄県における駐留軍用地跡地の有効かつ適切な利用の推進に関する特別措置法の定めるところによる」だけが残り，従前の関連条文は削除された．
出所）　筆者作成．

業の立地を促進する」とされていたことからして，日本と同様の拠点開発方式による企業誘致を念頭においていたことは明白であろう．

　旧沖振法は10年の時限立法であったが，10年ごとに対象を拡大しつつもほぼ同じ方式を踏襲して2度延長された．3度目の延長となった2002年度

表 7-3　沖縄振興（開発）計画の人口・経済見通し

1 振計（1972-81 年） 人口　95 万人 → 100 万人以上 生産所得　3100 億円 → 1 兆円 　1 次産業　8% → 5% 　2 次産業　18% → 30% 　3 次産業　74% → 65% 就業者数　39 万人 → 46 万人 　1 次産業　25% → 13% 　2 次産業　18% → 28% 　3 次産業　57% → 59% 1 人当たり所得　33 万円 → 3 倍近く	2 振計（1982-91 年） 人口　111 万人 → 120 万人 県内純生産　1 兆 2800 億円 → 2 兆 4000 億円 　1 次産業　6% → 6% 　2 次産業　22% → 24% 　3 次産業　75% → 73% 就業者数　45 万人 → 53 万人 　1 次産業　14% → 12% 　2 次産業　22% → 23% 　3 次産業　64% → 65% 1 人当たり所得　116 万円 → 200 万円
3 振計（1992-2001 年） 人口　122 万人 → 130 万人 県内純生産　2 兆 8000 億円 → 4 兆 9000 億円 　1 次産業　3% → 3% 　2 次産業　21% → 22% 　3 次産業　76% → 75% 就業者数　54 万人 → 63 万人 　1 次産業　11% → 8% 　2 次産業　20% → 20% 　3 次産業　69% → 72% 1 人当たり所得　200 万円 → 310 万円	沖縄振興計画（2002-11 年） 人口　132 万人 → 139 万人 県内純生産　3 兆 4000 億円 → 4 兆 5000 億円 　1 次産業　2% → 2% 　2 次産業　17% → 16% 　3 次産業　81% → 82% 就業者数　58 万人 → 67 万人 　1 次産業　7% → 5% 　2 次産業　19% → 18% 　3 次産業　74% → 77% 1 人当たり所得　218 万円 → 270 万円
沖縄 21 世紀ビジョン基本計画 （沖縄振興計画 2012-21 年） 人口　139 万人 → 144 万人 県内総生産　3 兆 7000 億円 → 5 兆 1000 億円 　1 次産業　2% → 2% 　2 次産業　11% → 10% 　3 次産業　87% → 88% 就業者数　62 万人 → 69 万人 　1 次産業　6% → 5% 　2 次産業　15% → 15% 　3 次産業　79% → 80% 1 人当たり所得　207 万円 → 271 万円	

出所）　筆者作成．

からのそれは「沖縄振興特別措置法」と名称が変わった（以下，「新沖振法」と略記）．「開発」が削除されたのは，「重点の置き方が格差是正というところから自立経済の発展というところ」[9]に変わったことを反映している．表 7-2 は，沖縄振興開発特別措置法と沖縄振興特別措置法の章別構成を比較し

たものである．新沖振法には，観光，情報通信産業，金融業務などさまざまな産業振興策に加えて基地跡地利用政策も盛り込まれるなど，確かに力点が大きく異なったようにみえる．しかし，第8章「沖縄振興の基盤の整備のための特別措置」は，旧沖振法第3章「産業の振興のための特別措置」とほぼ同じ内容となっており，高率補助を中心とした格差是正策は今日までも残存し続けているのである．

表7-3は，5次にわたる振興（開発）計画の人口・経済社会の見通しを示したものである．すでに述べたように，1振計においては，生産所得が3倍以上にふくれあがり，それがもっぱら企業誘致による第2次産業の成長によって達成されると見込んでいた．2振計，3振計においても県内総生産は2倍ほどに，事実上の4振計というべき沖縄振興計画では，県内純生産は25％の伸びを見込んでいることがわかる．ただし，2振計以降では2次産業の比重はほとんど変わっていない．それでも，10年間で目標とされたように経済規模が拡大する過程で比重が変わらないようにするためには，2次産業もそれに見合う成長が必要となる．では，40年間に及ぶこうした施策がどのような帰結をもたらしたであろうか？

2．「振興」政策の帰結

(1) 経済政策として

沖縄県は，期間10年の振興計画が終わりに近づくとその成果を点検した報告書を作成している．例えば，2000年5月に発表された『第3次沖縄振興開発計画総点検報告書』は，人口と労働力人口は「おおむね高い達成率が見込まれる」のに対し，県内総生産，1人当たり県民所得などの経済分野については「その達成は困難な状況」と述べている．1振計以来，その振興に最も力点をおいたはずの製造業については，その生産額は「目標年次（2001年度）において3550億円となり，その生産額の全産業にしめる割合は7.1％になるものとしている．しかし，1997年度における生産額は1854億円でそ

の全産業に占める割合は5.3%となっており，全国の23.3%との格差は大きく，本県製造業の振興が進んでいない」と評価せざるをえない状況であった．

　2002年度からの新しい沖縄振興計画は，こうした総括にもとづいて，すでに述べたように観光，情報など，様々な新しい振興策も盛り込んだ計画であった．しかし2010年6月に発表された『沖縄振興計画等総点検報告書』によると，様々な経済指標の動向からして「沖縄振興計画策定時に想定した目標年次における展望値の達成は困難な状況にある」と指摘している．そして，新たに設けられた各種の特別措置についても，情報通信産業特別地区については「2009年7月現在で制度に係る事業認定の実績はない」，特別自由貿易地域における企業誘致は「期待されたような成果はあがっていない」，自由貿易地域那覇地区においては「入居企業による搬出額が30億円に達しているが，搬出先は県内が6割を超えており，貿易の振興が図られているとは言いがたい」，産業高度化地域における税制の優遇措置は「多くの事業者に活用されているが，製造品出荷額は伸び悩みが続いている」，情報通信関連の「進出企業は概ね順調に推移しているが，情報通信産業特別地区については事業認定の実績がまだない」と，どの施策も成果をあげていないと言わざるを得ない状況なのである．

　このうち特別自由貿易地域について仔細をみることとしよう．これは，3振計が終わりに近づいた1999年に設けられたもので，立地企業は従前の自由貿易地域にはない法人課税所得の35%控除などの税の優遇が受けられる，日本で唯一の経済特区である．沖縄本島東海岸のうるま市にあり，指定面積は122ha，道路や緑地を除いた企業の立地可能面積は90haほどである．分譲だけでなく，買取条件付貸付賃貸制度を導入したり，期限付きの分譲価格減額制度を設けたりなどして企業誘致をすすめた．沖縄振興計画の最終年度である2011年度には，75社，製造品出荷額586億円，従業者数2505人を目標としていたが，上記の『報告書』によると，09年10月現在の実績は25社，53億円，503人にすぎない．沖縄県商工観光部企業立地推進課が2010

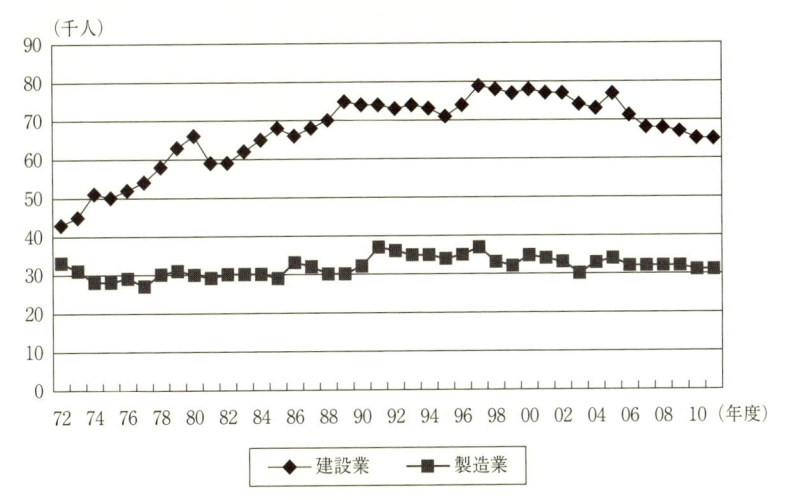

第7章　沖縄振興（開発）政策の展開と帰結　　169

出所）内閣府沖縄総合事務局『沖縄県経済の概況』2013年3月，より作成．

図7-2　沖縄県の建設業・製造業就業者数の推移

年3月に作成した「企業立地ガイド」によると，賃貸工業用地は23区画のうち17区画が分譲されているが，分譲用地は96区画のうち8区画しか分譲されていないというのである[10]．

　この事例が象徴するように1振計以来，最も力点をおいてきた企業誘致による製造業の振興は，思うような成果をあげることができなかったといえる．この点について，先の表7-1と図7-1によって確認することとしよう．復帰以降，全体の就業者数はおおむね順調に増加し，2010年度で62万2千人と復帰時の36万4千人と比べて約70％増加した．その構成比の変化を図7-1でみると，第1次産業は18.1％から5.6％と3分の1に減少，第2次産業は20.9％から15.4％と4分の3に減少，なかでも製造業は9.1％から5.0％と半分近くに減少していることがわかる．日本全体の製造業の比重も，27％から16.8％へと低下しているが，沖縄はそれを上回る低下ぶりを示しているのである．同様の傾向は，総生産の構成比の推移をみた表7-1からもうかがえるであろう．

図7-2は，製造業と建設業の就業者数の推移をみたものである．復帰以降の公共事業予算の急増を反映してか，建設業従業者数は復帰時の4万人余りから順調に増加し，ピーク時には8万人近くに増えている．近年は減少傾向にあるものの，それでも6万人台を維持している．ところが製造業は，復帰時の3万3千人から，さほど変わらずに推移し，90年代には4万人近い年もあるものの，最近は3万人を少しこえる水準で推移していることがわかる．多い年度で3万7千人，少ない年度では3万人と，いずれにしろ復帰時とさほど変わらない水準で推移している．他方，この図には示していないが，第3次産業就業者数は，おおむね順調に増加し，22万2千人から48万7千人へと倍増しているのである．

沖縄振興計画は，復帰前の日本の経験から，すでに失敗が明らかになった拠点開発方式を沖縄でも実施しようとした．沖縄は，企業誘致のための地理的条件がよくない上に，復帰後ほどなく高度経済成長時代が終焉を迎え，円高などを背景に日本企業の国際的展開がすすんだことからして，上記のような帰結は必然的であったともいえる[11]．

(2) 自治体財政政策として

このような，経済政策・地域開発政策としての失敗もさることながら，「格差是正」をめざした補助金上乗せ方式による振興開発政策の展開は，沖縄の自治と財政に次のような諸問題をもたらすこととなった．

第1に，県の計画を国の計画として実施するという特別な体制を40年間も続けていることによる問題である．沖縄開発庁を設置するなどして特別な施策をすすめた最大の眼目は，「格差是正」をめざす高率補助による社会資本整備にあった．しかし，20年も続けると，鉄道がないことを除くと，道路など各種社会資本の水準は，他の都道府県と遜色ない水準に達していた．新沖振法において「開発」を削除したのは，こうした状況を反映したものである．「格差是正」が達成されたのであるなら，沖振法の延長は必要なく，条件不利地域への特別な施策は，これまで適用除外とされていた離島振興法

などを活用すればよいだけのはずである．にもかかわらず，依然として沖縄のみを対象とした特別措置，とくに高率補助政策を継続するねらいとして，今後も基地を沖縄に集中させておくための取引手段としたいという日本政府の思惑が見え隠れするのである．この場合，沖縄振興（開発）特別措置法が10年の時限立法であることが大きな意味をもつ．というのは，計画期間の終了が近づくごとに，沖縄から特別措置の継続を国に「お願い」することが繰り返されてきたからである．また，冒頭で述べたように，東日本大震災・福島原発事故の復旧・復興政策を優先すべき2012年度予算において沖縄関係予算が破格といってよい増額となったのも，名護市辺野古での新基地建設計画をすすめたい日本政府の思惑があることは明白である．沖縄振興予算が，広義の基地関係収入と言われるゆえんである．

第2に，40年間継続した高率補助政策がもたらした諸問題である．

よく知られているように，日本の公共事業政策は，生活基盤よりも産業基盤を優遇してきた．これは高率補助政策の場合も同様である．2002年度からの新沖振法によると，漁港，道路，港湾，空港，土地改良事業などは95％（国以外が行う場合は90％）の補助率となっているが，義務教育施設は85％，児童福祉施設は80％，公営住宅，老人福祉施設，保健所，高等学校施設は75％と，やはり産業基盤関連が相対的に高い補助率となっている[12]．

2011年度までの内閣府沖縄担当部局予算は，基本的政策立案経費と沖縄振興開発事業費に大別される．2011年度当初予算額2301億円のうち後者が1967億円と大半をしめている．同予算の累計額は，第1次振計で1.4兆円，第2次振計で2.3兆円，第3次振計で3.6兆円，沖縄振興計画で2.8兆円，40年間で約10兆円が投じられたが，そのほとんどが公共事業費である．2010年度の社会資本総合整備，11年度の沖縄自主戦略交付金の創設により，それ以前と様相を異にすることとなるが，09年度までの用途をみると，道路が約3分の1をしめ，次いで，下水道水道廃棄物等，港湾空港，農林水産基盤の順に，これらがほぼ同じ比重をしめてきたのである．いわゆる公共事業費の分野別割合の硬直化がここにも貫かれていたのである[13]．

表 7-4 高率補助の状況(沖縄県・市町村合計, 2008 年度当

	計 (a)	うち嵩上げ額 (b)	b/a	県分 (c)	うち嵩上げ額 (d)	d/c
内閣府	7,389,829	6,841,362	92.6%	6,336,029	6,075,803	95.9%
総務省	418,715	418,715	100.0%	0	0	0.0%
文部科学省	8,748,019	4,507,607	51.5%	3,049,183	2,521,181	82.7%
厚生労働省	17,771,591	10,210,637	57.5%	15,821,925	9,384,138	59.3%
農林水産省	37,433,815	13,966,712	37.3%	35,761,390	12,983,737	36.3%
経済産業省	35,000	14,000	40.0%	35,000	14,000	40.0%
国土交通省	91,919,031	34,752,093	37.8%	63,265,405	25,663,841	40.6%
環境省	476,971	159,057	33.3%	0	0	0.0%
防衛省	3,489,841	2,631,233	75.4%	926,497	67,889	7.3%
警察庁	276,028	276,028	100.0%	276,028	276,028	100.0%
計	167,958,840	73,777,444	43.9%	125,471,457	56,986,617	45.4%

注) 1. 警察本部分(国庫補助金額:273,028 千円, 嵩上げ額 276,028 千円)を含む.
   2. 市町村分のうち経済産業省分「北部特別振興対策事業」は総務省分に含めている.
出所) 沖縄県企画部『沖縄振興特別措置法による特例措置(高率補助)について』より.

　また,表 7-4 は,沖縄県企画部が 2008 年度予算について調べた高率補助対象事業の嵩上げ額の省庁別内訳をみたものである.それによると,同年度国庫補助負担金総額は 1679 億円で,うち約 44% にあたる約 738 億円が高率補助による嵩上げ額となっている.このうち国土交通省関連が 347 億円と半分近くをしめ,次いで農林水産省が 140 億円,厚生労働省が 102 億円と,この 3 省だけで嵩上げ額の 8 割をしめているのである.また,同年度の奄美群島振興開発特別措置法による嵩上げ分が 1306 億円のうちの 200 億円,離島振興法による嵩上げ分が 1191 億円のうちの 84 億円にすぎないことと比べても,いかに沖振法にもとづく嵩上げ額が大きいかがわかる[14].

　ともあれ,高度経済成長をめざす拠点開発方式による企業誘致とモータリゼーション化を促進してきた日本の社会資本整備政策が,鉄道がない沖縄ですすめられたため,沖縄には公共交通が貧弱な,極端な自動車依存社会が形成されることとなった.

　さて,こうした財政政策は,県内自治体財政にどのように現れているであろうか? 図 7-3 は,市町村の歳出にしめる普通建設補助事業の割合の推移

を，全国平均と比較してみたものである．この図から，全国のそれは80年代は10％を超えていたものの，90年代は1桁台で推移し，近年は5％前後となっていることがわかる．これに対して沖縄の場合，2004年度までは20％台を維持し，最近は低下傾向にあるものの，それでも10年度で14.3％と，全国平均6.6％の2倍以上となっていることがわかる．このように，補助事業を中心とした沖縄振興政策は，県内自治体財政の歳出にしめる普通建設補助事業の割合を，他県と際だって大きなものとしている．

補助事業を中心とした公共事業中心政策がもたらした問題として，もう1

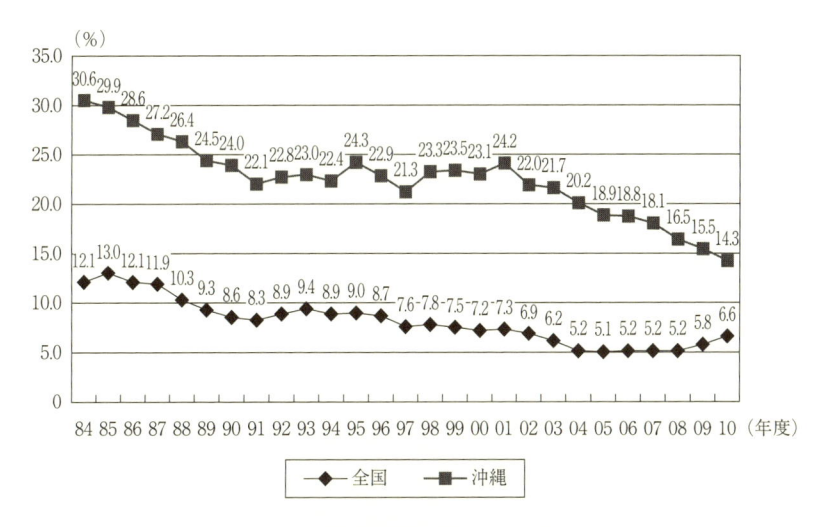

市町村分 (e)	うち嵩上げ額 (f)	f/e
1,053,800	765,559	72.6%
418,715	418,715	100.0%
5,698,836	1,986,426	34.9%
1,949,666	826,499	42.4%
1,672,425	982,975	58.8%
0	0	0.0%
28,653,626	9,088,252	31.7%
476,971	159,057	33.3%
2,563,344	2,563,344	100.0%
0	0	0.0%
42,487,383	16,790,827	39.5%

（初予算）（単位：千円）

出所）沖縄県企画部市町村課『沖縄県市町村概要』各年，より作成．

図7-3　普通建設事業費（補助）の構成比の推移

表7-5 公有水面埋立竣工面積の推移

(単位:ha)

	年　　度				合計
	1972-81	1982-91	1992-01	02-08	
北部地域	88.32	121.29	99.51	53.16	362.28
中南部地域	472.39	590.17	752.17	252.81	2067.54
宮古地域	65.19	79.62	39.39	9.32	193.52
八重山地域	58.89	46.9	27.47	3.7	136.96
県計	684.79	837.98	918.54	318.99	2760.30

出所）沖縄県企画部企画調整課『沖縄振興計画等総点検報告書』2010年6月，81頁，より．

　つあげておかなければならないのが，深刻な環境破壊である．すでに述べたように，40年間で10兆円近くもの予算が投じられ，その大半が補助金による公共事業費であった．それが中央省庁によって設定された画一的な基準によっておこなわれたことが，沖縄の自然的条件に合わず，深刻な環境被害をもたらしていることは，多くの論者によって指摘されている[15]．そこでここでは，沖縄が全国屈指の埋立県であることだけを指摘しておきたい．表7-5は，公有水面埋立面積の推移をしめしたものである．それによると，復帰以降，1振計，2振計，3振計と計画を改めるたびに埋立面積が増加していること，とくに本島中南部地域が全埋立面積の8割近くをしめていることがわかる．さすがに，2002年度以降は減少しているものの，08年度までの公有水面の埋立面積は，2760haにものぼっている．

　沖縄が全国屈指の埋立県であるというのは，1989年以降09年までの21年間で，1年間の埋立増加面積で全国のトップテンに入ったのが17回．2000年度は全国1位，99，03，04，06年度は2位となっていることなどに示されている[16]．主な大規模埋立事業として，76年度の与那城村平安座島地区（2.12km²），84年度の糸満市西崎地区（2.29km²），99年度のうるま市勝連南風原地区（0.51km²），2000，03年度の豊見城市豊崎地区（0.80km²，0.61km²），そして次章で取り上げる沖縄市の泡瀬干潟沖合を埋め立てる東部海浜開発事業などがある．

復帰時に新全総の「第四部　沖縄開発の基本構想」が追記されたが、そこには「亜熱帯性気候と広大な海洋が織り成す自然は、その個性豊かな歴史的文化と一体となって、良好な環境を形成しており、今後の開発に当たっては、あらゆる開発に優先して、これら自然と文化を積極的に保全する」(傍点は筆者) と記されている．

しかし実際には、沖縄の豊かな自然を象徴する海岸の埋立が急速に進められた．沖縄県の海岸線の総延長は 2026km と全国第 4 位の延長を有しているが、こうした埋立により、自然海岸の延長は 1062km と、海岸線全体の 52.4% にまで減少したのである[17]．

3. 沖縄振興一括交付金をどうみるか

冒頭に述べたように、沖縄振興計画の終了を控え、沖縄県は 2012 年度以降の沖縄振興予算について、国が使途を定めない「沖縄振興一括交付金」の創設を求めた．要求額は、過去の振興予算を目安にして、国直轄事業分を含めて 3000 億円とした．ところが内閣府の概算要求額は 2437 億円で、沖縄振興一括交付金については額を明記しない事項要求として「自由度の高い一括交付金を創設」としていたにすぎなかった．

これを受けた政府予算案が異例の増額となったことはすでに述べたとおりである．沖縄県の要求は、政府がすすめる補助金の一括交付金化政策の流れにのったものでもあるので、この増額予算を評価する前提として、一括交付金化の流れを簡単に振り返っておくこととしよう．

周知のごとく、国庫補助金の交付金化は、「三位一体改革」において、2004 年度に「まちづくり交付金」が創設されたことに始まる．そして 2009 年 9 月の政権交代後、民主党政権下の「地域主権戦略会議」において、2009 年 12 月に「ひも付き補助金の一括交付金化」が提唱された．この一括交付金化は 2010 年 6 月 22 日に閣議決定された「地域主権戦略大綱」で具体化され、「地域のことは地域で決める『地域主権』を確立するため、国から地方

への『ひも付き補助金』を廃止し，基本的に地方が自由に使える一括交付金にするとの方針の下，現行の補助金，交付金等を改革する」とされた．こうした流れの中で，国土交通省が所管する国庫補助金についてはさらなる交付金化に着手され，2010年度に「社会資本整備総合交付金」が創設された．

　社会資本整備総合交付金は，市町村だけでなく都道府県も含めた地方公共団体向けの交付金であり，自治体が作成した3年から5年の「社会資本整備総合計画」の事業費全体に対し一括交付される．計画の範囲内であれば事業間流用・年度間流用できる点はまちづくり交付金と同様である．これによりまちづくり交付金という名称は消滅したが，それまでのまちづくり交付金事業は社会資本整備総合交付金における「基幹事業」の中に「都市再生整備事業」として組み込まれて存続しているのである．

　そして2011年度に「地域自主戦略交付金」が創設され，都道府県を対象に，投資的経費にかかる補助金の一括交付金化が実施された．地域自主戦略交付金は，国土交通省や農林水産省，経済産業省，環境省などが所管する補助金や交付金の一部について，従来，各省庁が個別に交付してきたものを，内閣府の取りまとめにより地方自治体へ一括して交付するものである．自治体は各省庁の枠にとらわれず自由に事業を選択できるが，従来の国庫補助金や社会資本整備総合交付金の枠組みそのものは存続している．

　11年度の地域自主戦略交付金額は，5120億円であり，うち沖縄振興自主戦略交付金が321億円であった．このうち11年4月1日に予算額の9割が配付された．これは初年度ということもあり，継続事業の事業量に基づいて配分されたのである．残り1割については，同年6月6日に客観的指標にもとづいて配分された[18]．その客観的指標の配分方法をみると，440億円のうち4分の3の342億円が社会資本整備，5分の1の82億円が農村漁村整備，その他15億円となり，道路延長，河川改修延長，耕地面積，林野面積など様々な指標にもとづいて配分されることとなっているのである．

　ここで確認しておかなければならないことは，以上の仕組みからしてこの地域自主戦略交付金が地方自治体にとって安定した財源となるためには，総

額をどのように確保し,そして客観的指標という配分ルールがどのように定められるかにかかっているということである[19].またこれは,決して沖縄の振興だけを考えたのではなく,全国的な制度として設けられたということにも留意しておかなければならないであろう.

こうした経緯を踏まえて,冒頭に紹介した12年度沖縄関連予算を'異例'というのは,次の理由による.

第1に,地震災害と原発震災の復興・復旧費などを例外として歳出削減がすすめられているなかで,27.6%もの増額となったことである.内閣府沖縄担当部局予算は,1998年度の4713億円をピークに減少を続け,2011年度当初予算額は2301億円となった.そして12年度の概算要求額は2400億円ほどであったが,予算案はそれに500億円も上積みされたのである.沖縄が日本のどこに位置するかを知らない人がこの異例の増額を耳にしたら,沖縄を大地震の被災地と勘違いするのではないだろうか.

第2に,投資的経費に係る一括交付金として「沖縄振興公共投資交付金」が設けられ,予算額についても11年度の沖縄自主戦略交付金312億円から771億円へと倍増した.地域自主戦略交付金との違いは,対象範囲を独自に拡大していること,交付率について既存の高率補助を適用していることなどである.これに加えて,新たにソフト事業に充当できる「沖縄振興特別推進交付金」803億円が設けられた.これは,沖縄だけを対象とした特別な施策であり,交付率は10分の8で,地方負担の半分に交付税措置されることとなっている.

つまり,沖縄に関する一括交付金は総額1554億円で,前年度比5倍となったのである.ちなみに,全国の12年度地域自主戦略交付金予算額は,既存分については前年度比マイナス5%,新規・拡充分についても対要求・要望額比マイナス6%となり,全国知事会は「必要とする総額が確保されず,継続事業の実施すら支障を来した」と批判している[20].

さて,この交付金を盛り込んだ沖縄振興特別措置法の改正案が,2012年通常国会に提出され一部修正のうえ成立した.その内容は,あくまで「改

正」にすぎなかったため，旧法の基本的性格が次の諸点に表れている．

まず第1に，新しい沖縄振興計画の作成主体は沖縄県知事となったものの，その計画は内閣総理大臣がさだめる基本方針に基づくこととされた．もし策定された沖縄振興計画が基本方針に適合しないと認めるときは，内閣総理大臣は沖縄県知事に対し変更するよう求めることができる．同様の規定は，新たに設けられた「観光地形成促進計画」「産業高度化・事業革新計画」の作成に関しても盛り込まれている．要するに，作成主体は県となったものの，あくまで国の方針の枠内に過ぎず，場合によっては変更を求められるのである[21]．

第2に，産業の振興策として，観光地形成促進地域（従前の観光振興地域を廃止），産業高度化・事業革新促進地域（従前の産業高度化地域を廃止），国際物流拠点産業集積地域（従前の自由貿易地域，特別自由貿易地域を廃止）などが創設された．これらは，従前のそれらを名称変更して，要件を緩和するなどしただけであり，とくに新味があるわけではない．

第3に，「沖縄振興の基盤の整備のための特別措置」に，公共事業に係る国の負担又は補助の割合の特例，国の直轄事業の特例，つまり高率補助政策が，依然として存続している．これに先に述べた，特別区域への規制緩和・税制上の優遇措置を組み合わせると，復帰以来継続している企業誘致政策の枠組みは変わらないというべきであろう[22]．

そして第4に，この特別措置の一環として新たな交付金が盛り込まれた．しかしその内容は，改正前の旧法105条の二，105条の三を修正したに過ぎない．旧法のそれは，「沖縄振興特別交付金」に関するものである．これは，2004年度からの三位一体改革によって廃止された国庫補助金のうち，補助率の嵩上げ措置がなされていたものが従前補助対象としていたもので，かつ沖縄振興特定事業計画に位置づけられたものである．旧法105条の二にもとづいて沖縄県知事は沖縄振興特定事業計画を作成し，それに要する経費を内閣総理大臣は「予算の範囲内で交付する」ことができるが，「交付金の交付に関し必要な事項は内閣府令で定める」こととなっている（旧法105条の三）．

表7-6 沖縄に関する特別な財政施策の沿革

1996年	96年度補正予算で「特別調整費」50億円計上 　内閣総理大臣談話（96年9月閣議決定）にもとづく措置
1997年	97年度補正予算で「特別調整費」10億円計上
1997年	沖縄米軍基地所在市町村活性化特別事業始まる
1999年	99年度予算で「沖縄振興のための特別の調整費」計上 　「第9回沖縄政策協議会」における内閣総理大臣の指示にもとづく措置 　非公共事業分と公共事業分，それぞれ50億円ずつ
2000年	北部振興事業 　99年12月28日閣議決定にもとづく措置 　非公共事業分と公共事業分，それぞれ50億円ずつを10年間
2005年	沖縄振興特別交付金
2010年	北部活性化振興事業 　北部振興事業に代わる予算措置
2011年	沖縄振興自主戦略交付金
2012年	沖縄振興一括交付金

出所）筆者作成．

　交付対象事業は，当初は消防防災設備整備費補助金をはじめ3事業で，予算額は3000万円であったが，06年度からは9事業9037万円となっている（旧法施行令第38条の二）．

　改正法でも，沖縄県知事が「沖縄振興交付金事業計画」を作成し，それに「要する経費に充てるため，内閣府令で定めるところにより，予算の範囲内で交付金を交付することができる」となっており，計画の名称が変更されたこと以外は，基本的な枠組みは旧法による「沖縄振興特別交付金」と変わるところがないのである．こうしてみると改正前の「沖縄振興特別交付金」は，投資的経費に関わる一括交付金の先駆けといってもよい．

　ところで，先駆けというのであれば，第3章で詳細を述べた，特定防衛施設周辺整備交付金こそ，8分野から自治体が使途を選ぶことができるという仕組みからして投資的経費に係る一括交付金といえるであろう．そして沖縄ではこれに加えてすでに述べたような特別な財政措置が，1990年代半ばからたびたび講じられてきた．すなわち，第4章で詳細を述べた沖縄米軍基地所在市町村活性化特別事業（1997年度から），北部振興事業（2000年度から），

そして米軍再編交付金（2007年度から）がそうであり，それらはいずれも，その内容からして一括交付金なのである．

それでも，沖縄のみを対象としたソフト事業に充当できる沖縄振興特別推進交付金が設けられたのが，今回の施策の目玉と言うべきかもしれない．しかし，実は公共事業以外にも幅広く活用できる交付金も，沖縄では長い歴史を有している．表7-6は，その歴史をみたものである．管見の限りでは，それは，1995年の少女乱暴事件を契機として，基地の整理縮小を求める沖縄県内世論の高揚，基地の縮小を求める県民投票の結果を踏まえた「沖縄問題についての内閣総理大臣談話」（1996年9月閣議決定）にもとづき，96年度補正予算で50億円の特別調整費が設けられたことに始まる．その談話では，その趣旨について，当時の沖縄県が作成していた「21世紀・沖縄のグランドデザイン」を踏まえ，「沖縄県が地域経済として自立し，雇用が確保され，沖縄県民の生活の向上に資するよう」という「趣旨に沿った沖縄のための各般の施策を進めるために，特別の調整費を予算に計上」と述べられている．要するに，既存の沖縄振興計画に加えて，さらなる経済政策として特別な予算措置が講じられたのである．ちなみに，この時に設けられた「沖縄政策協議会」は，今日なお継続して開催されている．

以後，基地所在市町村活性化特別事業，北部振興事業，沖縄振興特別調整費（02年度から），米軍再編交付金など，この間に経済振興をめざして投じられた特別な財政資金には，投資的経費のみならずソフト事業にも充当することが可能な仕組みが用意されており，そのほとんどが，内閣府が担当省庁となっているのである．また，特定防衛施設周辺整備交付金も，2011年度からソフト事業に使途が拡大された．

こうしてみると，このたびの新たな交付金は，投資的経費に関するものにせよ，ソフト事業に関するものにせよ，この20年近く経済振興を目指してすすめてきた施策の延長線上にあるといえる．それらにおおむね共通する特徴は，①先に予算ありきであること，②地域経済の振興をめざした政策であること，である．要するに，新たな交付金は，予算額が異例に増加したこと

を除くと，決して特別なものではない．これまでは，「沖縄振興特別交付金」と「沖縄振興特別調整費」を除くと，基地が所在する自治体，とりわけ普天間飛行場撤去の条件としての新基地建設が計画されている名護市をはじめとする沖縄本島北部地域自治体を対象にもっぱら講じられてきた施策を，全県に拡大したようにみえるのである．

　他方，これまでとは違う側面があることも指摘しておきたい．まず，沖縄の政治状況の変化である．1997年から4年間外務省から沖縄県庁に出向していた山田文比古の言葉を借りると「差別の代償として，自民党時代の歴代政府によって次々と沖縄振興策が打ち出されてきた」が，こうした手法が破綻して「沖縄県民は，保守・革新を問わず，差別に対する認識で広く一致し，基地負担の代償として，振興策を受け取るということの欺瞞性に耐えきれなくなっている」[23]のである．こうした沖縄県民の基地に関する世論の変化の背景には，第2章で指摘したように，那覇市や北谷町などで，不十分ながらも返還された跡地の利用が具体化し，基地の存在がいかに地域経済の発展を阻害しているかが，改めて明確になったことがある．

　今ひとつの違いは，先に述べたような制約はあるものの，県が策定主体となった新たな沖縄振興計画「沖縄21世紀ビジョン基本計画」が，復帰40周年の2012年5月15日に決定されたことである．計画では，「年平均で名目3％程度，実質2％程度の経済成長」を見込み，2021年に先の表7-3で示したような経済構造になると見通している[24]．この高度成長を達成するために「成長のエンジンである移出型産業が複数堅実に育ち，成長の翼である域内産業が活性化し，両者が連携・補完している強くしなやかな経済構造」をめざすとしている．ここでいう「成長のエンジンである移出型産業」とは，観光産業，情報産業，臨空・臨港型産業などを意味している．これまでの企業誘致を柱とした政策が充分に成果をあげられなかったことからして，「域内産業」の育成にこそ力点をおくべきと思われるが[25]，基地問題等にかなり踏み込むなど内容面でも従来にはない特徴がみられることは確かである．

　このような従来とは異なる状況がみられるものの，このたびの施策も，総

体としてみると，これまでも繰り返されてきた政府の懐柔策という側面が濃厚と言わざるを得ない．というのは，今沖縄のみを対象とするこうした破格の予算をつけることに，合理的根拠があると思えないからである．特定地域にだけ，このような特別な予算が認められるのは，このたびの震災からの復興・復旧費，原発震災による被害者への救済・補償費，そして40年前の復帰時の沖縄など，きわめて特殊かつ緊急な場合に限られるべきであろう．今，沖縄だけを対象とする特別な財政措置を講じることに全国的な共感が得られる施策があるとしたら，やはり基地返還跡地利用に関するそれではないだろうか．

　この点に関連して，新たな交付金の運用の詳細を定めた「沖縄振興特別推進交付金交付要綱」に，対象事業としては「別表に掲げる事業等のうち，沖縄振興に資する事業等であって，沖縄の自立・戦略的発展に資するものなど，沖縄の特殊性に基因する事業等として事業計画に記載されたもの」（傍点は筆者）とし，別表の対象18事業に「駐留軍用地跡地の利用に関する事業」が含まれていることに注目したい[26]．

　また要綱には，交付対象とならない事業として「職員人件費や旅費等の事務費，公用施設の施設整備費，修繕費，維持費管理費など地方自治体が通常必要とする行政運営に必要な経費」「基金の造成費」「国庫補助事業等の地方負担分へ充当する事業」「公債費」など9事業を明記している．ただし「沖縄振興にとって必要不可欠である等の特段の事情が認められる場合には，この限りではない」とされている．そしてこの但し書きにもとづいて，公有地取得のための基金が設置されることとなった．すなわち，2012年12月18日付の内閣府政策統括官（沖縄政策担当）による「沖縄振興特別推進交付金基金管理運営要領」では，対象事業は「沖縄県特定駐留軍用地内土地取得事業」「宜野湾市基地返還跡地転用推進基金事業」「浦添市未買収道路用地取得事業」と定められているのである．

　第2章で述べたように，普天間飛行場など返還が予定されている沖縄本島中南部の基地は，民有地がほとんどを占めている．したがって跡地利用をす

第7章　沖縄振興（開発）政策の展開と帰結　　　183

すめていく上で，公有地の拡大が重要な課題となっている．但し書きの「特段の事情が認められる場合」の基準が明確でないという問題は残るが，まさに「沖縄の特殊性に基因する」返還跡地利用政策に活用できる点は，新たな交付金の肯定的側面と言ってよい．

おわりに

　繰り返し述べたように，復帰後の日本政府による沖縄政策は，米軍基地維持を最優先の課題とした「特別措置」の乱発であった．本章で，取りあげた沖縄振興（開発）政策も，10年の時限立法による特別措置であり，延長を繰り返し，40年間で10兆円の資金が投じられた．それは，高度経済成長期に日本ですすめられた拠点開発方式を沖縄にも導入しようとするものであった．それによって道路などの社会資本は一定の水準を達成したものの，復帰時に課題とされた製造業の脆弱性と失業問題などの経済的困難の克服は達成されなかった．

　この「特別措置」は，2012年度からの4度目の延長により半世紀も継続されることとなった．その目玉というべき新たな財政措置である一括交付金は，総額で大幅に増加したのみならず，従来の公共投資を対象とした「沖縄振興公共投資交付金」に加えて，ソフト事業を対象とした「沖縄振興特別推進交付金」まで設けられた．

　しかしながら，いずれの特別措置も沖縄では，主として基地所在自治体を対象として長年の'実績'がある．とくにソフト事業を対象としたそれは，1990年代半ばから，名護市をはじめとする北部地域自治体を中心に幅広く活用されてきた．その過程で，当初は基地受け入れの見返りでないことを建前としていたにもかかわらず，米軍再編交付金という露骨な見返り資金に変質したのである．このことは，いかに使い勝手がよくとも，その原資が政府資金である以上，何らかの政策意図と無縁ではないことを示唆している．

　これまですすめられてきた補助金の一括交付金化は，全国的な制度として

設けられたのである．これが安定した制度となるためには，総額の確保と配分ルールの明確化が必要になる．沖縄県は，2010年5月に発表した「沖縄振興一括交付金（仮称）について」において，06年度に創設された新型交付税，08年度に創設された地方再生対策費，10年度に創設された雇用対策・地域資源活用臨時特例費では，島嶼県や広大な海域を有するなどの特性が反映されておらず，このまま補助金の一括交付金化がすすめられたのでは，十分な額が配分されない恐れがあるという危惧を表明していた．しかし，そうした事情を有するのは，沖縄だけの特殊性ではない．また，地域経済をよくするための「経済振興」が必要なところは，全国至る所にある．そうすると，客観的指標による配分にこうした特殊事情を反映させるよう，同様の事情を有する全国の自治体と連携し，それらが制度化されるように努力することこそ，交付金を安定的に確保する王道というべきであろう．

そういう視点からみると，異例の増額予算を獲得したとはいえ，12年度予算のうち773億円余は首相特別枠から捻出されたにすぎず，2013年度以降の安定した財源を保障したものではないという問題が残る．沖縄政策協議会など政府と特別な協議機関があり，辺野古への新基地建設をすすめたい政府の思惑があってこそ獲得できた異例の予算というべきであろう．折しも，2012年末の政権交代によって，13年度から地域自主戦略交付金は廃止されることとなっただけに，沖縄だけにそれが残ることの異例さがいっそう目立つこととなった．

そうして特別な予算を獲得しても，当事者がどんなに否定しようと，「基地受入との取引」と見なされる．そのような痛くもない腹を探られないようにするために，沖縄県が全国に先駆けて全面的な一括交付金化の実現を要望していた先駆性を，県外の条件不利地域自治体と連携してルール化を実現することに発揮するべきではなかっただろうか．

注
1) この異例の予算案決定後まもない2011年12月28日の午前4時頃に，政府は環

境影響評価書を沖縄県に提出した．3カ月後の12年3月27日に沖縄県知事が提出した意見書では，評価書が示す環境保全措置では「生活や自然環境の保全は不可能」と結論づけ，普天間飛行場の県外移設と早期返還を求めた．
2) 琉球銀行調査部編『戦後沖縄経済史』1984年，1284頁．
3) 同上書，1014-16頁．復帰前の沖縄経済については，戸谷修「産業構造と就業構造の変動」山本英治・高橋明善・蓮見音彦編『沖縄の都市と農村』東京大学出版会，1995年，久場政彦『戦後沖縄経済の軌跡』ひるぎ社，1995年，も参照．
4) 同上書，1017頁．
5) 同上書，1391頁．
6) 第67回国会衆議院本会議における山中貞則の趣旨説明（1971年11月6日）より．
7) 例えば，宮本憲一『地域開発はこれでよいか』岩波書店，1973年，宮本憲一編『大都市とコンビナート・大阪』筑摩書房，1977年，遠藤宏一『地域開発の財政学』大月書店，1985年，など．
8) むつ小川原については，鎌田慧『六ヶ所村の記録－核燃料サイクル基地の素顔』岩波書店，1991年，舩橋晴俊・長谷川公一・飯島伸子編『核燃料サイクル施設の社会学』有斐閣，2012年，苫小牧東については，増田壽男・今松英悦・小田清編『なぜ巨大開発は破綻したか』日本経済評論社，2006年，を参照．
9) 第54回国会衆議院沖縄及び北方問題に関する特別委員会（2002年3月18日）における尾身幸次沖縄及び北方対策担当大臣の発言．
10) 2011年1月末現在では，27社が立地し，分譲率は22.5%である（うるま市経済部企業立地雇用推進課『中城湾新港地区の概況』2011年9月，より）．
11) 『沖縄振興計画等総点検報告書』においても，「本県産業振興のモデルとなったのは，高度成長時代に本土各県が辿った工業立地の道であった」が，「本県の工業立地の基盤である工業用水道の整備が進み，工業団地の整備がようやく形」をなした「時点では我が国の経済構造は大きく変化し，地方における工業化モデルも変化した」と指摘している．
12) この点については，舟場正富「沖縄開発の転換と自治体行財政」宮本憲一編『開発と自治の展望・沖縄』筑摩書房，1979年，を参照．
13) 以上は，内閣府沖縄総合事務局『沖縄県経済の概況』各年，を参照した．なお，2012年度からは基本的政策立案経費と沖縄振興開発事業費予算という区別はされていない．
14) 奄美群島振興開発特別措置法，離島振興法による嵩上げ分は，沖縄県『沖縄振興一括交付金（仮称）について』2010年5月，による．
15) 例えば，桜井国俊「環境問題からみた沖縄」宮本憲一・川瀬光義編『沖縄論』岩波書店，2010年，沖縄大学地域研究所〈復帰〉40年，琉球列島の環境問題と持続可能性〉共同研究班編『琉球列島の環境問題　復帰40年・持続可能なシマ社会へ』高文研，2012年，を参照．

16) 「消える海　命を救え」『琉球新報』2010年3月13日付.
17) 干潟をはじめとする日本の海浜環境の希少性については，加藤真『日本の渚』岩波書店，1999年，を参照.
18) 11年度予算については，公共事業・施設費において5%を目途として執行留保することとされていたので，実際の配分額はこの2分の1であった.
19) 全国知事会一括交付金PTによると，地方向け国庫補助金（投資関係）について，2010年度における大幅削減（マイナス18.4%）に引き続き，11年度も大幅に削減（マイナス9.3%）されている．これに対し，同年度の投資関係における直轄事業の削減幅はマイナス3.5%にとどまっている．また，地域自主戦略交付金の対象となった9本の補助金等の総額は，前年度（2.54兆円）と比較し，5.5%削減の2.4兆円（さらに5%分の執行を留保）となっている（全国知事会一括交付金PT『2012年度地域自主戦略交付金の制度設計に関する意見』2011年6月23日）.
20) 全国知事会一括交付金PT『地域自主戦略交付金・沖縄振興一括交付金の評価と2013年度の制度設計に向けた提言』2012年7月4日.
21) 2012年3月7日に沖縄県企画部でこの点について質問したところ，この種の立法にはおおむね共通する構造である，沖縄の場合，沖縄県が作成した計画にもとづいて政府が基本方針を定めるというのが実態であるので，変更を求められることはまずない，という旨の回答があった.
22) 2012年6月25日に沖縄県企画部でこの点について質問したところ，国の直轄事業の特例は，最近は適用事例はほとんどないという回答があった.
23) 山田文比古「沖縄「問題」の深淵」『世界』第831号，2012年6月.
24) 日本経済研究センターが2009年4月9日に発表した「都道府県別　中期経済予測」によると，2007年から20年の年平均成長率は，1位が沖縄県で1.07%，2位東京都1.05%，3位神奈川県1.03%となっている．1%を超えたのはこの3都県だけである．また，『日経ビジネス』2012年8月6日号は，特集「沖縄経済圏」を掲載し，人口増，返還基地跡地利用，物流の拠点，原子力発電所が立地していないという優位性などの側面から，沖縄経済の潜在成長力に注目している.
25) 琉球新報経済部編『ものづくりの邦－地場産業力』琉球新報社，2011年，は沖縄の製造業のすぐれた事例を発掘している．また，関満博編『沖縄地域産業の未来』新評論，2012年，も参考になる.
26) このほかの事業は，「観光の振興に資する事業」「情報通信産業の振興に資する事業」などであるが，いずれも「沖縄の特殊性に基因する」とは見なしがたい．また，公共投資交付金についても「沖縄振興公共投資交付金制度要綱」が定められている.

第8章
沖縄市にみる振興政策の実態
―中城湾港泡瀬沖合埋立事業を中心に―

はじめに

　日本では長年，海の埋立や干拓などにより用地を造成する事業が全国各地でおこなわれてきた．とくに干潟はその格好の対象地であった．その結果，自然海岸の減少が顕著にすすんだ．しかし，1997年4月の諫早湾干拓事業における潮受堤防締め切りを契機に，干潟の価値を省みず安易に破壊することに対する国民的な関心が高まった．そして島根県中海での国営干拓事業が90％完成したにもかかわらず2000年に中止されたこと，東京湾の三番瀬干潟，名古屋市の藤前干潟で予定されていた事業が中止されるなど，干潟の保全がはかられる事例が相次ぐこととなった．

　見直しの方向が決定的になった最大の要因の1つは，事業そのものの必要性，つまり公共性に多くの人々が疑問を呈するようになったことにある．また，金銭的価値では測れない干潟が有する環境面での希少性に対する人々の認識が高まったことも大きい．そしてさらに，自治体の財政状況が悪化したため，莫大な費用がかかる上に，万が一造成した用地の処分・活用に失敗した場合のリスクを負ってまで事業に着手するだけの余裕がなくなってきたことも，大きな要因といえるであろう．

　沖縄では復帰以降，振興開発事業の一環として，平安座島（へんざじま）の石油備蓄基地及び海中道路の建設（1973年着工）をはじめ，各地で埋立が盛んにおこなわれた．喜多自然によると，干潟に関しては，1980年代には糸満干潟（いとまん）

(300ha)，北谷干潟(50ha)が消滅したほか，90年代以降も本章で対象とする泡瀬干潟に隣接する川田干潟(300ha)，与那原干潟(140ha)，与根干潟(160ha)，宇地泊干潟(35ha)，安根干潟(35ha)などが，埋立により消滅したという．さらに今世紀にはいってからも，観光客誘致をもくろんだ人工ビーチの造成が相次ぎ，その数は2010年で38カ所，総延長距離18kmにもなるというのである[1]．桜井国俊によると「かくして沖縄では，自然のままの海岸線や湿地はいまや極めて希少なものとなった」[2]のである．

　本章で取り上げる沖縄市の中城湾港泡瀬沖合を埋め立ててすすめられている東部海浜開発事業も，復帰以来おこなわれてきた諸事業の1つである．この事業によって，環境面での深刻な影響が生じることが危惧されている泡瀬干潟は沖縄本島に残された数少ない干潟の1つであり，数々の貴重種・絶滅危惧種が生息するなど，ラムサール条約登録地としての資格を十分に有している．実際，環境省が2001年12月に，日本における環境保全の基礎資料となり，保全地域の指定等に活用するとともに，重要湿地及びその周辺地域における開発計画等に際して事業者に保全上の配慮をうながすものとして選定した重要湿地500カ所に含まれているのである．また，日本弁護士連合会も，2002年3月，2008年7月，そして2011年8月と3度にわたり埋立の中止を求める意見書を出している．この貴重な干潟を有する泡瀬の海を埋め立て，ホテルなどリゾート施設の誘致を目的として東部海浜開発事業がすすめられてきた．

　沖縄でこうした事業がなおすすむ理由の1つが，前章で述べた復帰以来の高率補助政策によって，公共事業を実施する際の自治体の財政負担がきわめて少ないことがある．実際，この事業の場合でも，沖縄市が構想した事業であるにもかかわらず，埋立は国と沖縄県が実施主体となって進められており，さしあたっての沖縄市の直接的な財政負担はほとんどない．

　ところで，この事業の必要性については沖縄市民の間でも批判の声が強く，埋立の是非を問う市民投票条例の制定署名が2度もおこなわれた．しかし，いずれも議会で否決されたため投票の実施には至らなかった．そこでこの事

業に批判的な市民たちが，住民監査請求を経て，2005年5月20日に，公金支出差止を求める住民訴訟を提起した．そして2008年11月19日の一審判決では，住民側一部勝訴の判決が下された．判決では，県と国が相互の埋立免許・承認を出した2000年時点での違法性は認めなかったものの，現時点では事業に経済的合理性はなく，沖縄県や沖縄市がこの事業に関して公金の支出や契約を結ぶことは，地方自治法2条14項，及び地方財政法4条1項に違反するとしたのである．さらに1年後の09年10月15日，福岡高裁那覇支部は一審判決を支持する判決を下した．その後沖縄県と沖縄市は上告を断念し，この判決は確定した．

地方自治法2条14項は「地方公共団体は，その事務を処理するに当っては，住民の福祉の増進に努めるとともに，最小の経費で最大の効果を挙げるようにしなければならない」，そして地方財政法4条1項は「地方公共団体の経費は，その目的を達成するための必要且つ最小の限度をこえて，これを支出してはならない」と，いずれも一般論を定めているに過ぎないが，これに違反するとして公共事業にストップをかけた判決は史上初めてのことであり，この判決は全国的にも注目をあびた．そこで本章では，この事業の問題点について財政面を中心に検証し，この判決がもつ意義と限界を明らかにすることとしたい．

1. 沖縄市の地域経済と財政

沖縄本島中央部，東海岸沿に位置する沖縄市は，旧コザ市と旧美里村が復帰間もない1974年4月1日に合併して発足した．発足当時の人口は9万5694人であったが，以後旧美里村区域を中心に着実に増加し，2010年国勢調査人口は13万249人で，県内では那覇市に次いで多い．これを反映して，2010年度の市内純生産額は2044億円で，那覇市，浦添市に次いで3位，市民所得も2425億円で那覇市，浦添市に次いで3位となっている[3]．文字通り本島中部地域の中核都市といえる．また製造業が脆弱な沖縄では，先の図

7-1 で示したように，全県的に第3次産業の比重が高くなっているが，沖縄市も例外でなく，10 年国勢調査によると，就業者5万 271 人のうち3万 6309 人，81.8％が第3次産業に従事している．

ところが，10 年度の1人当たり市民所得は 186 万円で，県平均 203 万円よりも低く，県内 41 市町村のうち 29 番目となっている．また，10 年国勢調査による完全失業率は 14.5％ と県平均 11.0％，県内市部平均 11.2％ を大きく上回っている．県内都市自治体で沖縄市を上回る失業率を示しているのは，石川市など4市町が合併して 05 年 4 月に誕生したうるま市 18.2％ だけである．このことは，沖縄市において生活困窮者の割合が高いことを示唆している．例えば，年々増加している修学援助受給者は，2011 年度で県内全児童生徒数 14 万 6873 人のうち，2 万 6933 人，18.34％ であるが，県内 10 市でみると，沖縄市が 25.92％（前年度比 1.03 ポイント増）と第1位なのである[4]．

また，沖縄市といえば，基地のまちを連想する人も少なくないであろう．実際，嘉手納飛行場など6施設の米軍基地，さらに自衛隊施設も2カ所あり，それらが市域面積 4900ha にしめる割合は 34.5％ もある．この割合は，米軍基地がある本島6市のうちで最も大きい．沖縄市の中心部である，旧コザ市の中心商店街は，かつて嘉手納飛行場の，いわば「門前町」として栄えた．しかし今は，いわゆる「シャッター通り化」がすすんでいる．例えば，沖縄県観光商工部の調査によると，2010 年 12 月現在の県内 10 市商店街総店舗数 5866 店舗のうち空き店舗は 698 と，平均で 11.9％ であるが，沖縄市の場合，985 店舗のうち 153 店舗が空店舗で，空店舗率は 15.5％ と，糸満市に次いで高い割合を示しているのである[5]．

こうした経済状況にある沖縄市の財政をみることとしよう．市の 2011 年度歳入総額は約 516 億円だが，主な歳入の内訳をみると，地方税が 24.6％，普通交付税 19.7％，国庫支出金 25.7％，地方債 4.9％ となっている．財政力指数は 0.52，地方債現在高は 350 億円ほどで，ピーク時の 05 年度 406 億円と比べ1割以上減少している．

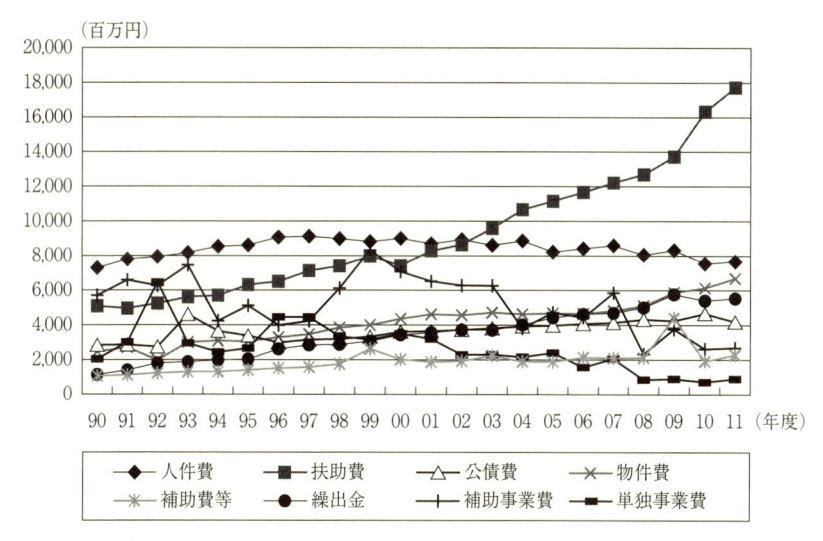

第 8 章　沖縄市にみる振興政策の実態

(百万円)

　90　91　92　93　94　95　96　97　98　99　00　01　02　03　04　05　06　07　08　09　10　11 (年度)

◆ 人件費　■ 扶助費　△ 公債費　✕ 物件費
＊ 補助費等　● 繰出金　＋ 補助事業費　― 単独事業費

出所) 沖縄市決算カード，より作成．

図 8-1　沖縄市における主な性質別歳出の推移

　図 8-1 は，主な性質別歳出の推移をみたものである．近年における全国の都市地域自治体にほぼ共通してみられる扶助費の増加が，沖縄市においても著しいことがわかる．それは 90 年度 51 億円，歳出総額の 17.1% から 09 年度は 138 億円，28.6%，子ども手当が始まった 10 年度は 164 億円，34.0%，11 年度 177 億円，35.3% と，金額，構成比ともに大きく増加している．目的別歳出でみても，社会福祉関係の経費である民生費が急激に増加している．1990 年度は 73 億円で，歳出総額にしめる割合は 24.6% であったが，年々上昇し，2009 年度 211 億円，43.8%，10 年度は 238 億円，49.4%，11 年度は 250 億円，49.7% と歳出総額の半分近くをしめている．扶助費のうち最大の支出項目が生活保護費であり，09 年度のそれは 56 億円で扶助費の 4 割ほどをしめた．10 年度からの子ども手当創設により比重は下がったが，同年度のそれは 58 億円，そして 11 年度は 66 億円に達した．これは，沖縄市の生活保護受給世帯・人数とも，年々増加を続けていることによる．すなわち，92 年度 1156 世帯，2072 人であったが，2010 年度は 2646 世帯，3724 人とな

図 8-2　沖縄市における公営事業等への操出の推移

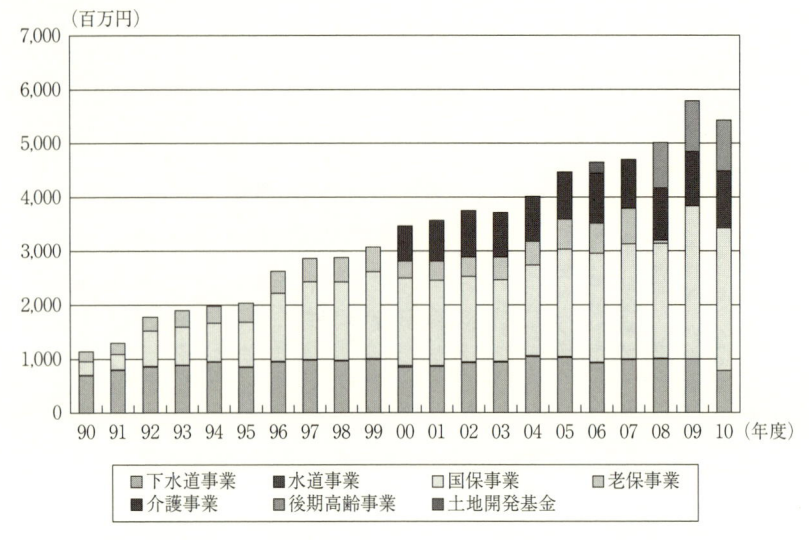

出所）沖縄市決算カード，より作成．

っている．生活保護受給者の多寡を示す指標として，人口千人に対する被保護人員で示す保護率‰が使われる．沖縄市の10年度のそれは27.53‰で，県内市部平均22.22‰を大きく上回り，那覇市32.20‰に次ぐ高い割合を示しているのである[6]．

性質別歳出において，もう1つ顕著な増加を示しているのが繰出金である．すなわち，90年度は歳出総額の3.8％であったのが，11年度には11.0％，金額では11億円から55億円と5倍に増加している．図8-2は，公営事業会計への繰出金の内訳の推移をみたものである．かつては，繰出金の多くは下水道事業へのそれでしめられていた．ところが2000年度以降，新たに始まった介護保険に加えて従来からある国民健康保険など，福祉的施策への繰出金が大きく増加していることがわかる．

このことは経常収支比率にも顕著に表れている．図8-3は，経常収支比率の内訳の推移をみたものである．沖縄市のそれは，90年度から今日まで概

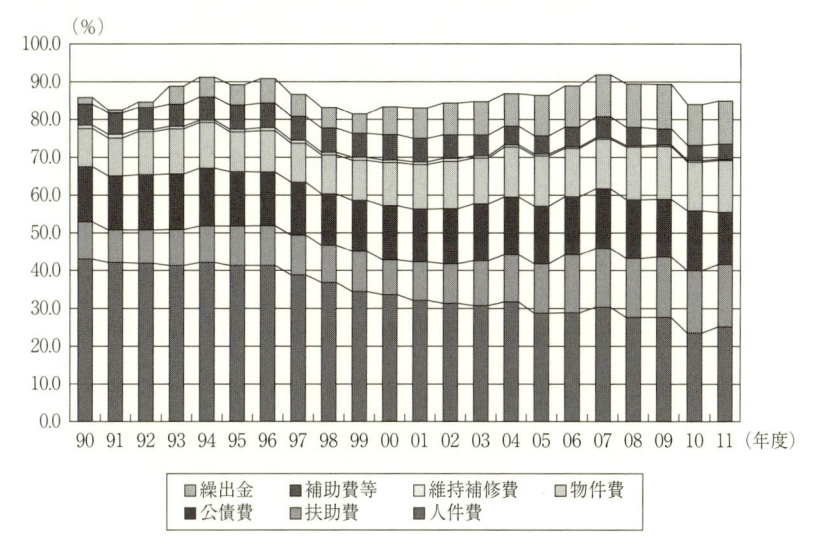

第 8 章　沖縄市にみる振興政策の実態　　193

```
(グラフ：縦軸 0.0〜100.0 (%)、横軸 90〜11 (年度))
凡例：□繰出金　■補助費等　□維持補修費　□物件費
　　　■公債費　□扶助費　■人件費
```

出所）沖縄市決算カード，より作成．

図 8-3　沖縄市における経常収支比率の推移

ね 80 台の後半で推移している．その内訳をみると，90 年度の場合は，人件費が 44.1 と最も高く，次いで公債費が 14.2 であった．扶助費は 8.9，繰出金は 1.8 にすぎない．ところが 11 年度をみると，人件費は 25.1 と大きく低下し，公債費は 13.9 とさほど変わらないのに対し，扶助費は 16.5，繰出金は 11.5 と大きく上昇しているのである．

人口構成にしめる高齢者の増加や，いわゆる「格差社会」の進行などにより，福祉的経費を中心に財政支出の拡大と硬直化が進んでいるのは，沖縄市に限らず全国の都市自治体に程度の違いはあれ，共通する状況である．沖縄市の場合は，生活保護世帯の増加などを反映して，その傾向がとくに顕著に表れているといえよう．

2. 中城湾港泡瀬沖合埋立事業の構造

　先に述べた1974年の旧コザ市・美里村合併時に作成された新市建設計画には，「生産基盤の整備と生活基盤の整備改善による地域社会の振興発展と地域住民の福祉増進」を計画の基本目標として，それを達成するための建設計画16項目の第1に「港湾の建設を促進し，流通機構の整備を図る」をあげている．そしてその具体的な基本構想においては，「港湾の建設」は「基地依存経済から脱却し，安定した自立経済へ移行するための核又は拠点としての機能を有する」もので，「新市の発展の上から最も優先的に取り組むべき重点施策の一つ」とされ，「泡瀬を中心として，中城湾に港を建設し，流通機構の整備を強力に推進する」と述べられている[7]．

　このように泡瀬地域の開発は，沖縄市発足以来の最重要課題の1つとして位置づけられていたのである．これを実現するべく泡瀬の海を埋め立てる東部海浜開発事業が具体的に検討が始められたのは，1980年代半ばのことであった．そして87年には，沖縄市の新総合計画の中に盛り込まれることとなった．しかし1990年の沖縄県港湾審議会では，地元の合意形成が図られていない，計画熟度が不十分，などの理由で港湾計画への位置づけが見送られた．沖縄市は91年5月に，当初の陸続きの埋立計画を，海岸線を残した出島方式とすることで地元の合意を取り付けたが，バブル経済の崩壊によって資金計画の目処がたたないことなどのために事業化に至らないでいた．

　ところが1998年に沖縄振興開発特別措置法が改正され，特別自由貿易地域が新たな制度して認められ，翌99年3月には泡瀬の北東に隣接する中城湾港（新港地区）の東側がその指定を受けた．この特別自由貿易地域を支援するべく沖縄総合事務局は，同地域の多目的国際ターミナルの早期供用を目指すこととし，港湾整備事業の一環として航路・泊地の早期浚渫をおこない，その浚渫土の処分先としてこの埋立事業に参画することとしたのである．そして2000年12月，環境影響評価[8]及び公有水面埋立法に基づいた手続きを

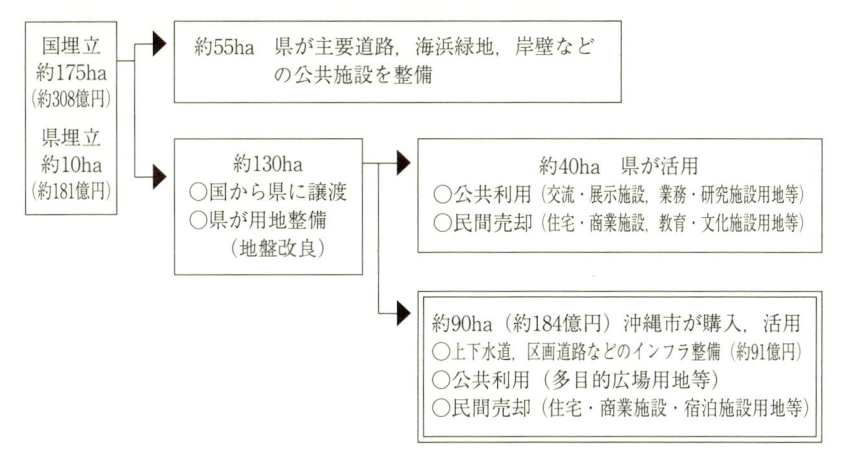

第8章　沖縄市にみる振興政策の実態

```
国埋立         ┌─ 約55ha　県が主要道路，海浜緑地，岸壁など
約175ha  ───┤       の公共施設を整備
(約308億円)    │
               │
県埋立         │   約130ha
約10ha   ───┴─ ○国から県に譲渡 ──┬─ 約40ha　県が活用
(約181億円)        ○県が用地整備    │   ○公共利用（交流・展示施設，業務・研究施設用地等）
                   （地盤改良）      │   ○民間売却（住宅・商業施設，教育・文化施設用地等）
                                      │
                                      └─ 約90ha（約184億円）沖縄市が購入，活用
                                          ○上下水道，区画道路などのインフラ整備（約91億円）
                                          ○公共利用（多目的広場用地等）
                                          ○民間売却（住宅・商業施設，宿泊施設用地等）
```

出所）沖縄市東部海浜開発局『マリンシティー泡瀬　なんでもQ&A』より．

図8-4　中城湾港泡瀬沖合埋立事業の財政構造

経て，沖縄総合事務局と沖縄県により埋立承認・免許が取得された．2002年12月，国は仮設橋梁の工事に着手，06年1月には沖縄県が将来人工海浜となる箇所の護岸及び突堤部の工事に着手した．そして冒頭に述べたように，08年11月には公金支出の差止めを求める一審判決が出されたにもかかわらず，09年1月から国は，新港地区の泊地浚渫を開始し，浚渫土砂を泡瀬の海に投入する工事に着手したのである．その投入の様子は，マスコミ等で広く報道され，この事業の是非について改めて全国的関心を呼ぶこととなった．

このように，本埋立事業には，①沖縄市がめざす「マリンシティー泡瀬」というマリーナ・リゾートを建設すること，②浚渫土砂の処理，という2つの目的がある．図8-4にもとづいて，本事業の財政構造を確認しておくこととしよう．本事業は埋立面積約185haで，うち国が175ha，県が10haを事業主体となっておこなう．埋立地のうち約55haの土地は，国から県が管理をまかされ，道路や岸壁などの公共施設を整備する．残り約130haについては港湾管理者である県に譲渡され，さらに，その内約90haが沖縄市へ譲渡され，民間に売却したり公共利用される計画である．埋立造成の総事業費

は約489億円（国が約308億円，県が約181億円）である．さらに沖縄市はインフラ整備費として約91億円の負担を見込んでいる．したがって沖縄市の負担分を合わせた総事業費は約580億円となる．また，沖縄市による約90haの用地購入費用は184億円を想定している．したがって，この事業に沖縄市は最大で270億円もの財政負担を負う可能性があるのである．先に述べたような沖縄市の財政事情からして，この事業がいかに大規模であるかがわかる．

この事業の内容に特段目新しいところはない．しかし，以上の経過から明らかなように，旧沖縄開発庁（現内閣府沖縄総合事務局）がかかわることによって，沖縄市が構想した事業でありながら，埋立については国と県が事業主体となっているために沖縄市の当面の財政負担がほとんどないということ，これがこの事業の沖縄固有の特徴といってよい[9]．

通常ならば，この種の事業の場合，埋立や造成などに必要な資金については，自治体が起債をおこなってまかなうか，もしくは土地開発公社などの外郭団体が事業主体となって，自治体は債務保証をおこなう事例が多い．地方債の発行にせよ，債務保証といういわば'保証人'になるにせよ，自治体が多額の負債を抱えることに変わりはない．ところがこの事業の場合，浚渫土砂の処分場確保という目的を達成するため，国と県が事業主体となっておこなわれているために，沖縄市はさしあたり，上記のような多額の起債，もしくは債務保証をしなくてもよいのである．

この事業には，沖縄固有のもう1つの特徴がある．この事業は図8-5のように，第1区域（96ha）と第2区域（91ha）に分けて埋め立てられる．ところが，その第2区域の3分の1が干潟の北方に位置する米軍泡瀬通信施設の保安水域と重なっているのである．沖縄市は当初，保安水域の一部解除を求めていたが，事業の早期着工をめざして，1999年に米軍の提案を受けいれる形で共同使用に同意したのである．協定書は99年から5年間，3年間と更新され，2007年9月には1年間更新された．その共同使用協定には，保安水域を埋め立てれば「米国に提供される」と明記されている．つまり，

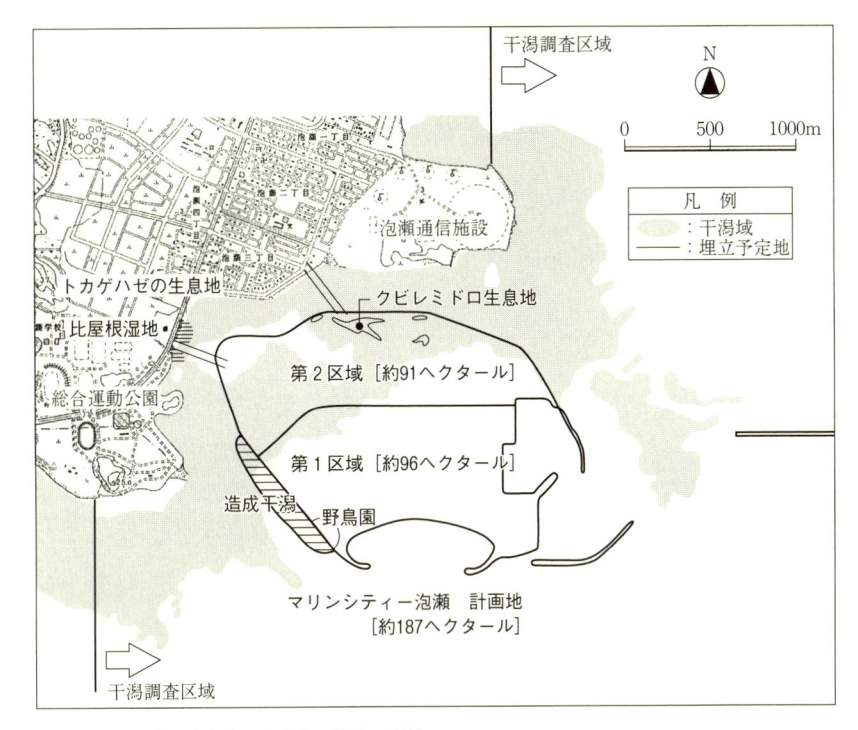

第8章　沖縄市にみる振興政策の実態　　　　　　　　　　197

注）　干潟の面積は大潮時に干出する区域の面積．
出所）　図8-4に同じ．

図8-5　中城湾港泡瀬地区周辺の干潟域と埋立予定地

計画通り事業がすすむと，「基地依存経済からの脱却」をめざす事業が，基地を30haも拡大することにつながるのである．そのため，沖縄市長は，2008年4月30日，保安水域と重なる第2区域の埋立について「新たな基地の提供になり得るとともに土地利用に制約が生じる」などとして協定書に署名しないことを国と県に通知した．ところが，沖縄総合事務局と県は，市長に代わって署名人を知事に変更することを一方的に決めたのである[10]．後に述べるように，沖縄市長は07年12月に，第2区域は「推進は困難」と表明した．にもかかわらず，利用主体である沖縄市の意向を無視して，このような措置を強行しているのである．

そしてこの事業で最も問題視されているのが，埋立によって貴重な干潟に深刻な影響が及ぶことが危惧されるのに，強行するだけの合理的理由があるかという点である．実はこの点が，裁判で争われた主要な論点であるので，節を改めて論じることとしたい．

3. 裁判で何が問われたか

(1) 地裁判決について

冒頭に述べたように，2005年5月20日，公金支出差止を求める住民訴訟が提起された．原告側の主張の柱は，①環境アセスメントがいかに杜撰であるか，②経済的合理性がいかに欠如しているか，におかれた．裁判が始まった翌06年4月に実施された沖縄市長選では，検討委員会を立ち上げ事業の是非を再検討することを公約した候補者が，事業推進派の対立候補を破って当選した．そして新市長は2007年12月5日，検討会議の意見などを踏まえて次のような意見を表明した．

「第1区域については，環境などへの影響も指摘されていることは承知していますが，工事の進捗状況からみて，今はむしろ沖縄市の経済活性化へつなげるため，今後の社会経済状況を見据えた土地利用計画の見直しを前提に推進せざると得ないと判断いたしました．次に，事業着手手前である第2区域の現行計画については，その約3分の1が保安水域にかかることから新たな基地の提供になりうると共に土地利用に制約が生じることや，クビレミドロが当該保安水域に生息していること，また，残余の部分は大半が干潟にかかる中で，環境へのさらなる配慮が求められることから，推進は困難と判断いたしました．しかしながら，第1区域へのアクセスや干潟の保全など，国・県と協力して解決しなければならない課題がるあることから，第2区域については，具体的な計画の見直しが必要と考えています」(傍点は筆者)

第8章 沖縄市にみる振興政策の実態

要するに，第1区域については工事の進捗状況からしてすすめざるを得ないが，それは「土地利用計画の見直しを前提」とする，第2区域は「推進は困難」で「具体的な計画の見直しが必要」というのである．

この意見表明が出された時点では，原・被告側申請の証人すべての尋問が終了し，すでに最終準備書面の提出期限及び最終弁論期日の指定が済んでいたため，原告側弁護団は，この意見表明を受けた主張を改めて展開することはせず，当初の方針通り免許・承認当時，つまり2000年時点での違法性に力点をおいた最終準備書面を提出した．

そして2008年11月19日に出された第一審判決の概要は以下の通りである．

第1に，環境アセスメントの杜撰さについては，「不充分な面があることは否めない」など原告の主張を一部評価をしているものの，結論としては，違法とまではいうことができないとして，原告の主張は採用されなかった．

第2に，免許・承認当時の経済的合理性の欠如については，需要予測について原告が指摘した問題点について「予測の精度に疑問が生じる」「宿泊需要等の推計の正確性には疑問が存するものといわざるを得ない」など，原告の主張を認める判断を示している部分はあるものの，結論としては「合理性を欠くものとまではいうことはできない」との判断にとどまり，原告の主張は採用されなかった．

そして第3に，現時点においての経済的合理性の欠如について，上述した市長の意見表明を踏まえて次のように述べている．

「第1区域に係る事業について，被告市長あるいは沖縄市としてどのような見直しを行い，第1区域に係る本件埋立計画地において，どのような土地利用を行うのか，また，その新たな土地利用計画に係る経済的合理性等についてどのように検証したのか等，何ら明らかにされておらず，本件方針表明は，具体的な土地利用計画が何ら定まらず，したがって，当然のことながら，その経済的合理性についても何ら明らかでないまま，

第1区域区における埋立工事が相当程度進んでいるという事業の進捗状況を追認する形で，第1区域に係る事業を推進しようとするものというほかない．また，本件方針表明は，第2区域については，基本的に見直す（計画を撤回する）というものであり，現時点において，第2区域に係る事業について，その経済的合理性を認めることはできない．以上のような方針の内容や，本件方針表明において推進が表明された第1区域についても，具体的な土地利用計画は何ら明らかでないことに加え，2000年時点における本件埋立事業等の計画自体，経済的合理性を欠くものとまではいえないものの，その実現の見込み等について，疑問点も種々存することをも併せ勘案すると，現時点においては，沖縄市が行う本件海浜開発事業について，経済的合理性を欠く」と．

したがって，現時点においては，沖縄市・沖縄県が行う本件事業に経済的合理性を認めることはできず，本件事業に係る将来の財務会計行為は，地方自治法2条14項及び地方財政法4条1項に違反する違法なものであり，差止を認めるという判断を下したのである．

本判決では，環境アセスについても，経済的合理性についても，2000年時点での違法性を認めておらず，その限りではとくに評価すべきところはない[11]．しかしそれでも今回の判決は，利用主体である沖縄市の最高責任者が計画の全面見直しを表明し，その見直しに基づく新たな利用計画もなんら策定されていないにもかかわらず漫然と埋立事業がすすむという，異常な事態が生じていることへの警鐘を鳴らしたものといえよう．冒頭に述べたように，進行中の公共事業にストップをかけたこの判決は，沖縄県内はもとより，全国紙においても社説等で取り上げられるなど，大きな注目を浴びた．また，公共事業に詳しい五十嵐敬喜も「費用対効果の問題を正面から取り上げて，経済的合理性が認められないと判断した画期的な判決」[12]と述べている．

(2) 控訴審で提起された論点について

 第一審判決を受けてほどなく，被告の沖縄市と沖縄県は控訴した[13]．そしてすでにのべたように国は，09年1月に土砂投入を開始したのである．

 この種の住民訴訟で，大きな問題となるのは，事業者が裁判の進行を無視して既成事実を積み重ねてしまうことである．例えば，沖縄やんばる訴訟，すなわち広域基幹林道奥与那線事業に関する公金支出差止を求めた住民訴訟では，第一審では，原告住民の請求をほぼ全面的に認めた判決が出された．ところが2004年10月に出された控訴審判決は，当該事業がすでに完成してしまった以上，たとえ事業が違法であって原状回復が問題となる場合であっても，住民訴訟による責任追及はできないとして，一審判決を破棄し，請求をすべて棄却したのである．これでは，いわば'やり得'を認めてしまい，住民訴訟そのものをないがしろにしかねないのである．国が一審判決を無視して，土砂投入を開始したため，こうした既成事実を積み重ねることによって，裁判自体を無意味なものにしようとしているのではないかと危惧された．

 しかし，すでに述べたように，土砂投入の様子がマスコミで取り上げられるなど，全国的な関心の高まりを反映してか，国は2009年度に予定していた浚渫工事を保留することとなった．09年度事業費約38億円がすでに予算化されている中でのこうした保留は異例のことであるという[14]．

 さて，控訴理由を述べている沖縄市長による準備書面では，一審判決で指摘された経済的合理性の欠如について「公金差止の直接の理由は，本件海浜開発事業（土地利用目的）の経済的合理性それ自体にあるという訳ではなく，経済的に不合理な計画に基づき公金支出が行われることにより，最終的には沖縄市の財政に回復し難い負担が生じるおそれがあるということを理由としているように思われる．そうすると，本件海浜開発事業の経済的合理性の有無については，それが最終的に沖縄市への財政に対し回復し難い負担を与えるかという観点からも慎重に検討し，判断すべきである」と述べている．

 すでに述べたように，一審判決の核心は計画もなく埋立事業をすすめることを問題視していることにあり，「財政に対し回復し難い負担を与える」と

いう点まで踏み込んだ判断はしていないと思われる．しかし，準備書面では財政上の危険性はないという観点からの反論が最も多くをしめている．また，この点については，筆者の意見書を活用した一審判決「民間への売却がスムーズに進まなかった場合に沖縄市が負うことになる財政的負担は相当大きなものになることが予想される」を引用して，「本件海浜開発事業が沖縄市の財政に大きな影響を与えかねない旨判示している」と述べるなど，筆者の見解への反論でもあると思われるので，ここではこの論点について検討することとしたい．

準備書面では，用地の取得・売却の方法の特性を主たる理由にして沖縄市が過度の財政的負担を負う可能性はほどんどないと主張している．それは沖縄県と沖縄市が2003年3月に結んだ「中城湾泡瀬地区開発事業に関する協定書」第4条・第5条を根拠としている[15]．これにもとづいて準備書面では次のように述べているのである．

「第5条には，速やかに埋立地を購入するものと規定されてはいるが，それは，売買についての協議書を作成することが前提になっているのであって，上記協定の締結に際して，沖縄県と沖縄市の申し合わせでは，沖縄市が埋立地を購入するには，土地処分先を選定できた段階で，協議書の締結等の購入手続きをすることになっている．つまり，沖縄市は，土地処分先を確保した上で，土地を購入するのであるから，沖縄市が土地を保有するのは極めて限られた期間ということになる．また，埋立地の購入区画も一括して購入するわけではなく，処分先が決まった区画ごとに購入する手順となっており，万が一処分先への処分予定が解消された場合でも，多額の土地在庫を抱える事態になる可能性はほどんどない」と．

要するに，用地の売却先が確定した分だけ購入すればよい，極端な場合，まったく売れなくても土地は国有地のままだから，財政的にはまったく心配ないというのである．筆者が，2007年9月に沖縄市を訪問した際，沖縄市の担当者はこの用地取得方式を根拠として，この事業が財政的にはまったく'ノーリスク'であると強調していた[16]．

確かに，国が事業主体となったことによって，他の自治体であれば事業の初めから必要な起債などの借入が必要でない点は，メリットといえる．そして市の説明通りに，売却の目処がたってから用地を取得すればよいのであれば，その限りでは'ノーリスク'かもしれない．

多くの自治体で行われているように，土地開発公社が90haの用地を取得するのであれば，市が債務保証した上で184億円のその用地を取得するのだから，そうはいかない．このケースの場合，市が債務保証をおこなった上で公社が184億円を借り入れて用地を取得し，さらに約90億円かけてインフラ等の整備をおこなって用地を造成することとなる．もし造成した用地の売却が円滑に進まなかった場合は，その借入を市が肩代わりしなければならない．1991年に福岡県赤池町が財政再建団体に転落したのは，土地開発公社が取得し造成した工業団地用地の売却に失敗し，公社の債務を公表し，土地を町の一般会計で買い取ることにしたために，赤字が一気に膨らんだことによるものであった[17]．

国と県が事業主体となって埋立を進めているために，現段階において沖縄市がこうした債務を負わなくてもよいのであるが，はたして沖縄市が言うように，'ノーリスク'といえるであろうか？　国の目的は浚渫土砂の処分場確保である，つまり，埋立自体が目的だから，その土地が売れようが売れまいが，無関係なのかもしれない．しかしここで留意しておくべきことは，沖縄市にリスクがあろうがなかろうか，国費だけで300億円，これに県と市の負担を加えると570億円もの公的資金を投じて造成した土地であるということである．それだけ莫大な公的資金を投じて造成した用地が，売却の目処がたたないということで，使われないまま放置されるなどということが，容認されるかということである．また，「処分先が決まった区画ごとに購入する」というような細切れ販売によって，沖縄市がめざす土地利用計画が実現するであろうか．

ともあれ，この事業は沖縄市が必要だと判断してすすめられている事業である．売却の目処が立とうが立つまいが，一審判決でも指摘されているよう

に「今後本件埋立事業に係る工事が更に進むことによって，被告県知事との間で本件協定を締結している被告市長が，本件海浜開発事業について公金の支出や契約の締結又は債務その他の義務の負担行為を行うことは，相当の確実さをもって予想される」のであり，一定の時期が来れば沖縄市が買い取ることを余儀なくされることとなると考えるのが自然ではないだろうか．

(3) 控訴審判決と新計画

　2009年9月に発足した鳩山政権の前原誠司沖縄担当相（国土交通相兼務）は同年9月17日の就任会見で，本事業について「1期中断，2期中止」の意向を明らかにした[18]．これは，衆議院選挙のマニフェスト（政権公約）には盛り込まれていなかったものの，インデックス（政策集）には「泡瀬干潟の干拓事業など環境負荷の大きい公共事業は，再評価による見通しや中止を徹底させる」と示されていたことによると思われる．

　その1ヵ月後の09年10月15日，福岡高裁那覇支部は一審の判断を支持する判決を下した．その後沖縄県と沖縄市は上告を断念し，この判決は確定した．これによって事業はストップすると思われたが，沖縄市は埋立面積を半減して（図8-5の第1区域のみ）新土地利用計画を策定した．その後当面の事業主体である沖縄県と内閣府が，港湾管理者である沖縄県知事に新たな公有水面埋立計画を申請し，11年7月19日に承認・許可され，同年9月には工事が再開されたのである．

　沖縄市が新たな利用計画を策定したのは，一審判決ではいっさいの公金支出が認められなかったのに対し，控訴審判決では「海浜開発事業の土地利用計画を見直し，埋立免許等の変更許可を求めるには所用の調査が必要なので，そのための調査費やこれに伴う人件費にかかる財務会計行為をすることは違法とはいえない」とされたことを根拠としている．しかし，その判決では「新たな土地利用計画に経済的合理性があるか否かは従前の計画に対し加えられた批判を踏まえ，相当程度に手堅い検証を必要」とするとも述べられている．

新たな計画が,「相当程度に手堅い検証」に耐えられる内容を有しているであろうか？ 新計画では埋立面積が従前の半分の96haとなったが,スポーツ施設など公共用地が63ha, 宿泊施設や商業施設など民間用地が33haとなっている. この計画の需要予測の基本的根拠は, 2018年の沖縄県への入域観光客数が850万人となることを前提としている. これは86年から08年までの入域観光客数の実績をもとに推計したものであるが, その期間と同じ傾向で観光客数が増える根拠は何もない. その点だけでも「手堅い検証」とはいえないが, これについての検証は友知政樹の論稿にゆだねるとして[19], ここでは財政上の問題点を指摘しておくこととしたい.

財政計画によると, 埋立だけで国費が357億円, 沖縄県も港湾施設等の整備に306億円を投じることが予定されている. 加えて沖縄市も, 123億円（うち国費24億円）で埋立地を購入し, インフラ整備に63億円（うち国費31億円）, 公共施設整備に116億円（うち国費70億円）を投じることを予定している. すなわち, 整備段階の事業費は302億円, 国費125億円を差し引いても177億円もの巨額の資金を投じることを予定している. 図8-4で示したように, 前計画での市のインフラ整備費は90億円であった. 新計画では埋立面積が半分になっているにもかかわらず, 市の負担が増えるのは公共用地が拡大したことによるものである.

この事業の財政への影響について沖縄市は, すでに述べたような論理で「進出企業の目途がついた時点で土地を購入することで, 土地購入によるリスク回避が図られる」[20]という前提のもとで, 表8-1のように, 事業期間30年間で整備段階で119億円の赤字, 運営段階で39億円の赤字となり, 土地賃貸や税収で一部を埋め合わせて, 67億円の損失となるものの, 実質公債費比率が現状の12.7％から最大15.8％に, 民間への売却価格が10％下がった場合でも16％にとどまり,「財政の健全性に影響はない」としている. しかし, これは他の条件が変わらなければという前提によるものであり,「最善のシナリオでも実質公債費比率が3％ポイントも上昇する」と言うべきではないだろうか.

表 8-1　新計画の事業収支（事業期間 30 年）

段階別		
・整備段階 58 億円－177 億円＝△119 億円		
・運営段階 0.5 億円－2.3 億円＝△39 億円	（△1.8 億円/年）	
・土地賃貸	34 億円	（　1.3 億円/年）
・税収	57 億円	（　2.1 億円/年）
全体		
・整備段階＋運営段階＋税収	△67 億円	

出所）　沖縄市『東部海浜開発事業』2010 年 7 月，より．

　万が一，用地売却が順調にすすまず，埋立地の購入費を一般会計で負担することとなった場合，あるいは売却がすすんでも期待されたほど投資に見合う経済効果が生じない場合，財政事情がいっそう悪化することは間違いない．その場合，先に述べたように沖縄市の歳出の多くをしめる福祉サービスの水準を引き下げざるを得なくなると予想される．福祉サービスの切り下げは，それに依拠している人々の生活基盤を危機にさらすことになる．それだけの危険性を犯してまでもおこなう価値がある事業であるか，今一度立ち止まって再考するべきではないだろうか？

　おわりに

　冒頭で述べたように，事業そのものの公共性への疑義，干潟の環境的価値への認識の高まり，そして財政状況の悪化などを背景として，全国的には干潟を埋め立てる事業はおこなわれなくなり，むしろ干潟の保全をはかる施策がすすんでいる．
　そうした中にあって本章で取り上げた中城湾港泡瀬沖合埋立事業は，さしあたり，事業を立案し埋立地を活用する当事者である沖縄市ではなく，国と県が事業主体となっているために，沖縄市の当面の財政負担がほとんどないという沖縄固有の特異な状況下においてすすめられてきた．
　住民訴訟における一審判決は，2000 年の事業認可時点でのアセス手続き

と経済的合理性については住民側の訴えを退けたものの，2007年12月の市長声明などを根拠として，現時点の経済合理性を欠くとし，公金支出の差止を認めたのである．これは，明確な根拠もなく必要性，つまり公共性が疑わしい事業が漫然として進められていることへの警鐘を鳴らした判決といえる．

　これに対する県と市の控訴理由書では，筆者が意見書において財政面での危険性を指摘したことに対する反論が主たるものであった．その趣旨は，売れる見込みが生じた土地だけを取得し売却するのであるから，ほとんどリスクがないということであった．これは極端な場合，まったく売れなくても市には財政的な損失はほとんどないと言っているに等しい．しかし，沖縄市にリスクがあろうがなかろうか，国・県・市で計600億円近くもの公的資金を投じて造成した土地について，売却の目処がたたないということで，使われないまま放置されるなどということが，容認されるはずがない．まして本事業は，沖縄市が必要だと判断してすすめられている事業である．売却の目処が立とうが立つまいが，一定の時期が来れば沖縄市が買い取ることを余儀なくされることとなると考えるのが自然ではないだろうか．もしそうなった場合，沖縄市の財政運営に多大な影響を及ぼし，本章で紹介したように急増する福祉サービスの縮小も余儀なくされる可能性が高いといえるであろう．

　前章で述べたように，復帰以来沖縄では，振興（開発）政策の一環として旧沖縄開発庁（現内閣府沖縄総合事務局）を通じた高率補助政策が行われてきた．こうした国の出先機関の存在が，計画立案した沖縄市の単独事業としておこなわれるべき本事業が，当面は市の直接の財政負担がなく，国と県が事業主体となっておこなわれることを可能としているのである．

　本来なら，こうした事業の是非については，裁判所に判断を仰ぐのではなく，幅広い市民的検討に委ねておこなわれるべきであろう．裁判所が2度も「経済的合理性を欠く」と判断し，それを沖縄県と沖縄市は受け入れたことは，いったん白紙に戻して再検討するべき絶好の契機であったといえる．にもかかわらず，計画を一部見直しただけで事業が続行されるのは，財政面での国による支援抜きには考えられない．40年以上も続く振興政策は，公共

事業を見直し貴重な干潟を保全することによる地域再生モデルの1つとなり得る絶好の機会を奪っているともいえる．

注
1) 喜多自然・松本徹意「沖縄の沿岸域について」沖縄弁護士会主催シンポジウム『豊かな海を取り戻すために』2012年9月2日，配付資料．
2) 桜井国俊「新たな琉球処分としての日米グアム協定」『世界』第793号，2009年7月，100頁．
3) 沖縄県企画部統計課『2010年度市町村民所得の概要』2013年，より．
4) 「修学援助最多2万6933人」『琉球新報』2012年7月28日付．
5) 沖縄県観光商工部商工振興課『2010年度商店街データ調査結果報告書』より．調査対象商店街は132件，うち98件の回答があった．
6) 沖縄市福祉事務所『福祉事務所の概要』2011年度版，より．
7) 泡瀬を含む東海岸は，復帰時に策定された『沖縄振興開発計画』でも「埋立が容易で大型港湾の建設が可能な本島東海岸の自然条件を活用し，臨海地域の埋立造成をすすめ，臨海工業の立地を促進する」と，工場誘致のための埋立対象と位置づけられていた．第2次計画でも「中城湾港新港地区の開発を促進」と，第3次計画でも「中城湾港において工業団地の形成」と，そして2002年からの『沖縄振興計画』では「中城湾港新港地区では，特別自由貿易地域を中心に加工交易型産業等の集積を図り，泡瀬地区では国際交流リゾート拠点等の形成を推進する」と記されている．
8) 日本の環境影響評価法は1997年6月9日に成立し，13日に公布された．しかし施行されたのは2年後の99年6月12日であった．本事業の環境影響評価は，施行前に着手されたため，環境影響評価法ではなく，閣議決定に基づき作られた要綱（「閣議アセスメント」と呼ばれる）によっておこなわれた．したがって環境影響評価法によれば必要となる方法書がない．環境アセスメントについては，原科幸彦『環境アセスメントとは何か―対応から戦略へ―』岩波書店，2011年，参照．
9) いうまでもないが，当面の財政負担がないのは，埋立工事に関してのことである．この事業に関連して，沖縄市は1988年から05年度までに約19億円を投入している．その内訳は，市民の意見集約や広報などをおこなう東部海浜開発局の人件費約14億円，一般管理費約5億円などである．以上は『沖縄タイムス』2006年7月4日付より．
10) 「知事署名で「共同使用」」『琉球新報』2008年7月2日付．
11) 2000年時点での問題については，内間秀太郎「宝の海・泡瀬干潟を埋め立てから守れ」『琉球弧』第2号，2001年3月，『いゆまち』第31号，2000年12月，『いゆまち』第32号，2001年2月，に掲載された特集「泡瀬干潟埋め立てを問

う!」，浦島悦子「命あるもの皆集う春爛漫の海の草原　本当に必要!?　沖縄・泡瀬干潟埋め立て工事」『金曜日』第693号，2008年3月7日，などを参照．
12)　『琉球新報』2008年11月19日付，夕刊，より．
13)　控訴する場合，通常は議会の同意を得ておこなう．実際，県は当初，地方自治法第96条に基づき議会の承認が必要と判断していた．しかし，知事与党が多数をしめる議会で同意が得られないことを恐れた県は，総務省や顧問弁護士に確認し，今回の訴訟の被告は，同法で議会の承認を得ることが定められている地方公共団体（県）ではなく，執行機関の長（県知事）だとして，同法に該当しないと判断した．以上は『琉球新報』2008年11月27日付，による．
14)　「泡瀬埋め立て　しゅんせつ工事"保留"」『琉球新報』2009年4月17日付．
15)　第4条　甲（沖縄県知事）は，乙（沖縄市長）が予算において債務負担行為を設定し，甲と乙において，別添2の国有地取得区分に基づき，乙が甲から土地を購入する時期及び価格等について協議書を締結した後，国と国有地譲渡に係る協議を行い，国より土地の譲渡を受けるものとする．
　　第5条　乙は，前条協議書に基づき速やかに甲から土地を購入するものとし，甲は必要に応じて地盤改良を行うものとする．
　　2　譲渡価格については，国からの土地の購入費，土地の整備，各種調査等に要する諸費用を含めるものとする．
16)　これに加えて準備書面では，「万が一，土地の在庫を抱えることになっても沖縄市の沖縄県からの購入原価は周辺地域の実勢価格と比較して低廉であるため容易に他へ処分できることが見込まれていることから，沖縄市が埋立地購入により過度の財政的負担を負う可能性はほとんどない」とも述べている．ここでいう購入原価は1m^{2}当たり約2万600円を想定しており，これに基盤整備費用等を加えた最低処分原価が1m^{2}当たり約2万8200円である．それが「低廉」というのは周辺地路線価が1m^{2}当たり4万5000～6万円であることとの比較によるのである．
17)　土地開発公社の問題点については，山本節子『土地開発公社』築地書館，1999年，浅野詠子『土地開発公社が自治体を浸食する』自治体研究社，2009年，を参照．
18)　「泡瀬埋め立て中断へ」『琉球新報』2009年9月18日付．
19)　友知政樹「泡瀬干潟埋立事業における土地利用計画に関する入域観光客数等の需要予測および生産誘発額等の予測に関する非合理性について」（第2次訴訟の2012年7月4日におこなわれた公判で提出された「甲第B26号証」より）．そこでは「850万人という数値はいわば希望的観測値あるいは妄想値」と述べられている．
20)　沖縄市『東部海浜開発事業』2010年7月，より．

終章
ルールなき財政支出の帰結

　ガバン・マコーマックは，2001年から06年までの間に小泉・安倍政権がすすめた「改革」を分析し，「これまで長年継続してきた対米依存の半独立国家・日本の従属をさらに深め，強化した結果，日本は質的に「属国」といってもいい状態にまで変容した」と喝破している．「属国」とは，「植民地でも傀儡国でもない，うわべだけでも独立国家の体裁があるが，自国の利益よりはほかの国の利益を優先させる国家」（傍点は筆者）[1]と定義されている．

　アメリカ合衆国の「属国」としての忠誠の証が基地の提供である．それを維持するための財政支出について，本書ではとくに1990年代半ば以降の展開過程を分析の対象とした．それは，文字通り「自国の利益よりはほかの国の利益を優先させる」ための「特別措置」という差別政策を繰り返し，特別措置が事実上恒常的措置となる過程であった．その過程で，投下された資金の質が，財政民主主義とは決して相容れないほど，劣化がすすんでいった．その劣化ぶりについて本書では，主として次の3つの局面にわたり明らかにした．

　第1は，思いやり予算である．日米地位協定第24条は，基地として利用する場所は無償でアメリカに提供するが，提供された場所の運営に関する経費はすべてアメリカの負担とすることを原則としている．思いやり予算とは，この例外として日本側が負担する経費を意味する．当初の負担範囲は，労務費の一部と提供施設の整備費であり，これについて日本政府は地位協定の範囲内での負担という解釈をし，したがってこれが限界であるということであった．しかし，こうした解釈では対応できない負担範囲の拡大に応えるべく

1987年に特別協定が締結された．政府は「暫定的」「限定的」「特例的」としたが，これによってなし崩し的に負担範囲が拡大し，今や在日米軍駐留経費のうち4分の3ほどが日本側の負担となっている．それは基地の維持とは直接関係のない娯楽施設や，そうした施設で働く従業員の人件費にまで及ぶこととなった．まさに，沖縄返還協定に関して池上惇が指摘したように「立入捜査，監督などの行政権を放棄したままで資金だけ負担」「米軍基地の再編成の内容について知ることすらできないという条件のもとでのもっとも屈辱的な肩代わり」であった．こうしたなし崩し的負担拡大の極めつけが，グアム移転協定で，日本の主権が及ばないグアムでの米軍基地建設費まで負担することとなったことである．しかもこの協定は，日本だけが国会承認という手続きを行ったのに対し，アメリカにとっては単なる行政協定にすぎないという片務的なものであった．

　第2は，基地対策経費の拡大と変質である．この経費の当初の趣旨は，基地の運用にともなう被害補償などを主としていた．転機は，1974年に改正し，一部名称変更された「防衛施設周辺の生活環境等の整備に関する法律」の第9条に「特定防衛施設周辺整備交付金」が設けられたことにあった．この当時，日本政府の基地維持政策の最大の課題は，首都圏のいくつかの基地を横田基地等に集約する関東計画の実施にあった．そのため負担が増える自治体を対象とした特別な施設整備費として9条交付金が新設された．それは，従来の資金と異なり，対象となる基地と自治体を防衛大臣（当時は首相）が選別する，使途が広範囲で「使い勝手がよい」もので，いわば一括交付金的な性格を有する資金であった．次の大きな転機は，1995年の米海兵隊員による少女乱暴事件を契機として，復帰後20年以上を経過しても基地の過重負担が変わらないことに対する沖縄県民の怒りが爆発したこと，そして普天間飛行場撤去の条件として名護市辺野古に新基地を建設することについて，沖縄の人々の「同意」を獲得することが必要になったことにある．

　その際9条交付金の，対象自治体を選別し，「使い勝手がよい」という枠組みが活用されることとなり，その上施設整備費以外にも使途が拡大されるこ

ととなった．このため，名護市をはじめとする沖縄本島北部地域の自治体を対象に，「地域振興」を名目に大量の財政資金が投入された．それは基地新設受け入れの見返りではないというのが重要な建前ではあったが，折しも小泉政権によって公共事業費などが大幅に削減されているなかでのこうした破格的といってよい財政資金の投入は，客観的にみると見返り以外の何物でもなかった．そうした見返り的な性格の資金の集大成が米軍再編交付金であった．それには，これまで大量の資金を投入したにもかかわらず新基地建設がすすまなかったという'教訓'を踏まえて，①事業の進捗状況に応じて出来高払いで支払う，②首長の政治的姿勢次第で支払いを停止できるという思想差別を容認する，という仕組みが新たに導入された．そしてその思想差別を容認する仕組みは，山口県岩国市や沖縄県名護市で実際に発動されたのである．

　こうした90年代半ばからの新たな基地を維持するための財政支出の展開は，その資金の性格が従来の補償金的なものから，基地新増設の見返り的なものへと，つまり従来から基地が存在したところへ引き続き基地をとどめておくためのものへと変質したことを示している．この変質の過程は，9条交付金を盛り込んだ「防衛施設周辺の生活環境等の整備に関する法律」とほぼ同時並行で国会で審議されて成立した電源三法にもとづく交付金と酷似している．電源三法交付金の当初の趣旨は，原子力発電所の新規立地先の獲得を目的としたもので，対象となる自治体に「迷惑料」として交付された．しかし，チェルノブイリ原発事故などを契機に新規立地が困難となるなかで，次第に既存の立地自治体での増設，つまり今立地しているところに引き続き留めておくためのものに変質していった．そして当該自治体もそれを「地域振興」策として受け入れてきたのである．さらには，核燃料サイクルやプルサーマルなどをすすめるための出来高払い的な内容を有するようになった．

　なお，90年代後半から展開された基地新設受け入れの見返り的な資金において施設整備以外にも使途が拡大されたことを指摘したが，9条交付金と電源三法交付金においても，同様の措置がなされるようになった．要するに，今まで以上に「使い勝手がよい」資金となったのである．しかし「使い勝手

がよい」ようにするのは，基地新設や原発の増設，つまり既存の立地自治体に引き続き基地や原発を「円滑」にとどめておくためにすぎない．また，これまで過分な資金を得て公共施設の整備をすすめたものの，それが地域の経済力向上につながらず，加えて施設の維持管理費の捻出に苦しむ自治体の要望に応えた側面も強い．これでは当該自治体は，いわば丸抱えで基地や原子力発電所に関連する資金に依存することとなりかねないのである．ここに至っては，基地や原発が継続して立地する自治体の財政自治を形骸化することに道を開いたといえる．

　第3は，沖縄振興（開発）政策である．四半世紀にわたり米軍政下にあった沖縄経済は，復帰時において，製造業が極端に脆弱という産業構造を有し，加えて基地従業員の大量解雇など深刻な失業問題を抱えていた．こうした課題を克服することをめざした沖縄振興開発政策は，高度経済成長期に日本ですすめられた拠点開発方式を沖縄に導入し，手段としては高率補助による社会資本整備をすすめ，規制緩和や租税減免というインセンティブを用意して企業を誘致しようとする施策であった．10年の時限立法による「特別措置」を3回延長し，40年間で10兆円もの資金が投じられたが，復帰時の課題は克服されずに今日に至っている．

　この「特別措置」は，2012年度からさらに10年間継続されることとなった．その目玉というべき新たな財政措置である一括交付金は，総額で大幅に増加したのみならず，公共投資を対象とした「沖縄振興公共投資交付金」に加えて，ソフト事業を対象とした「沖縄振興特別推進交付金」まで設けられた．

　しかしながら，予算の大幅な増額は何らかの明確なルールにもとづくものというよりは，普天間飛行場撤去の条件としての新基地建設の「同意」を得たいという政府の思惑によるところが大きい．また，いずれの特別措置も沖縄では，主として基地所在自治体を対象として長年の実績がある．とくにソフト事業を対象としたそれは，1990年代半ばから，名護市をはじめとする本島北部地域自治体を中心に幅広く活用され，その過程で，米軍再編交付金という露骨な基地新設受け入れの見返り資金まで登場したのである．そうする

と，この沖縄だけを対象とした特別な一括交付金は，これまでもっぱら本島北部地域を対象とした措置を全県レベルに拡大したにすぎないようにもみえる．

　このことは，いかに使い勝手がよくとも，その原資が政府資金である以上，何らかの政策意図と決して無縁ではないことを示唆している．例えば，一般財源として交付される地方交付税の場合でも，地域総合整備事業債の事業費補正や合併特例債の交付税措置など，中央政府の特定の政策目的実現に結びついている場合が少なからずある．しかし，それでも地方交付税法に「地方自治の本旨の実現に資するとともに，地方団体の独立性を強化することを目的とする」と施策の目指すところが明確になっていること，総額と配分のルールが明確であること，そして不十分ながらも地方自治体の側に意見申出制度があるなど，政府の介入に一定の制限を設ける枠組みが用意されている．

　こうした点からして一括交付金，とくに沖縄のそれは，多額の予算を獲得したとはいえ，2012年度の場合うち半分の773億円余は首相特別枠から捻出されたにすぎず，13年度以降の安定した財源を保障したものではないという問題が残る．「沖縄政策協議会」など政府との特別な協議の場があり，新基地建設をすすめたい政府の思惑があってこそ獲得できた異例の予算というべきであろう．さらに2013年度からは，全国的制度としての一括交付金は廃止されることとなり，まさに沖縄のみの特別措置となった．

　これでは，当事者がどんなに否定しようと，「基地受入との取引」と見なされかねない．そのような痛くもない腹を探られないようにするために，個別補助金の一括交付金化が進められ始めたときに，沖縄県が全国に先駆けて全面的な一括交付金化の実現を要望した先駆性を，県外の条件不利地域自治体と連携して一括交付金配分方式のルール化を実現することに発揮すべきであったといえる．

　総じて，本書が分析の対象とした基地，そして原子力発電所を維持するための財政支出に共通する特徴の第1は，ルールの欠如ないしは反民主性という点である．思いやり予算など在日米軍駐留経費の場合，日米地位協定に違

反していることを承知の上で特別協定を結び，延長を繰り返し事実上恒常化している．しかもその使途について日本側に事実上発言権がなく，ついには日本の主権が及ばないグアムでの基地建設費にまで使途が拡大することとなった．新基地建設の見返り的性格が濃厚な諸施策は，そのほとんどが法律にもとづかない予算措置であった．その集大成である米軍再編交付金は，法律にもとづく措置ではあるが，政治的主張によって差別するという，民主主義に明白に反する仕組みが盛り込まれた．沖縄振興一括交付金についても，その予算額の決定について明確なルールにもとづくものではない．

今ひとつの共通する特徴は，自治体にとって「収入ありき」の財源となっているという点である．予算は通常，どんな事業をするか積み上げて査定し決まるものである．このような使途が不明確な「収入ありき」の財源は浪費の温床になりがちであるので，例外的に認められても，限定的でなければならないはずである[2]．ところが，こうした財源が恒常化し，かつ当該自治体の財政力からして過分な収入となっているのである．

しかもその「収入」の使途について，従来は施設整備に限られていたが，「使い勝手をよくする」という名目で維持管理やソフト事業にまで拡大することとなった．近年，自治体に交付される資金の「使い勝手をよくする」施策の一環として個別補助金から一括交付金化がすすめられてきたが，それはいうまでもなく地方分権をめざす財政改革の一環であった．これに対し，基地維持のための財政資金の「使い勝手をよくする」のは，地元の「同意」を得て「円滑」に基地新設をすすめようとする集権的な政策を実現する手段である．「円滑」という表現は，米軍再編特措法に盛り込まれた．それによって交付される資金の「使い勝手」は格段によくなっているが，それは自治体の首長の政治的姿勢によって交付金の支給を差別できるというムチと一体でのアメなのである．しかしこれによって「円滑」に安全保障政策が実現しただろうか？

マイケル・サンデルは，「非市場的な状況にお金を導入すると，人々の態度が変わり，道徳的・市民的責任が締め出されかねない」事例の1つとして

核廃棄物処理場の用地選定をあげている．そして「お金の力だけに頼って住民に核廃棄物処理場を受け入れてもらおうとすれば，高くつくばかりではない．腐敗を招くことにもなるのだ．それは説得と，次のような点を熟慮した上での同意を省いてしまう．つまり，その施設がもたらすリスクおよび，より大きなコミュニティーにとっての施設の必要性だ」[3]と述べている．

この引用の「核廃棄物処理場」を米軍基地に置き換えると，本来なら全国民的課題として検討されるべき米軍基地の配置について，対象となった地域の問題に矮小化し，「振興策」という名目の「お金の力だけ」に頼ってきた日本政府の施策，とりわけ1990年代後半から展開されてきた諸施策にまさしく当てはまるといってよい．それは，民主主義と決して相容れない資金の質の悪化を招いただけではない．どんなに資金を投入しても基地負担の大半を押しつけ，今後も押しつけようとする施策について沖縄の人々の同意を得ることに失敗し，日米安保条約が「円滑」に機能する上で大きな障害となっている．いうまでもなく，どのような公共政策も，言葉による説得を通じた人々の心からの同意があってこそ，正当性・公共性を獲得できる．国の根幹をなす安全保障やエネルギー政策の場合は，なおさらそうであろう．この国でこれまでおこなわれてきた施策は，そういう手続きをないがしろにし，安全保障のあり方を全国民の課題として検討する機会を奪うという，とてつもない巨大な損失をもたらしているのではないだろうか．

注

1) Gavan McCormack, *Client State Japan in the American Embrace*, Verso 2007（新田準訳『属国　米国の抱擁とアジアでの孤立』凱風社，2008年）．引用は，邦訳所収の「日本語版への序文」より．
2) 家計や企業と異なり，租税という権力性を有する無償資金を原資とする政府・自治体の財政運営上の原則で「量出制入」（必要な財政需要があることを前提に収入を確保する）ともいわれる（神野直彦『財政学（改訂版）』有斐閣，2007年，7頁，159頁）．
3) Michael J. Sandel, *What Money Can't Buy*, Allen Lane, 2012（鬼澤忍訳『それをお金で買いますか』早川書房，2012年），pp. 119-120

参考文献

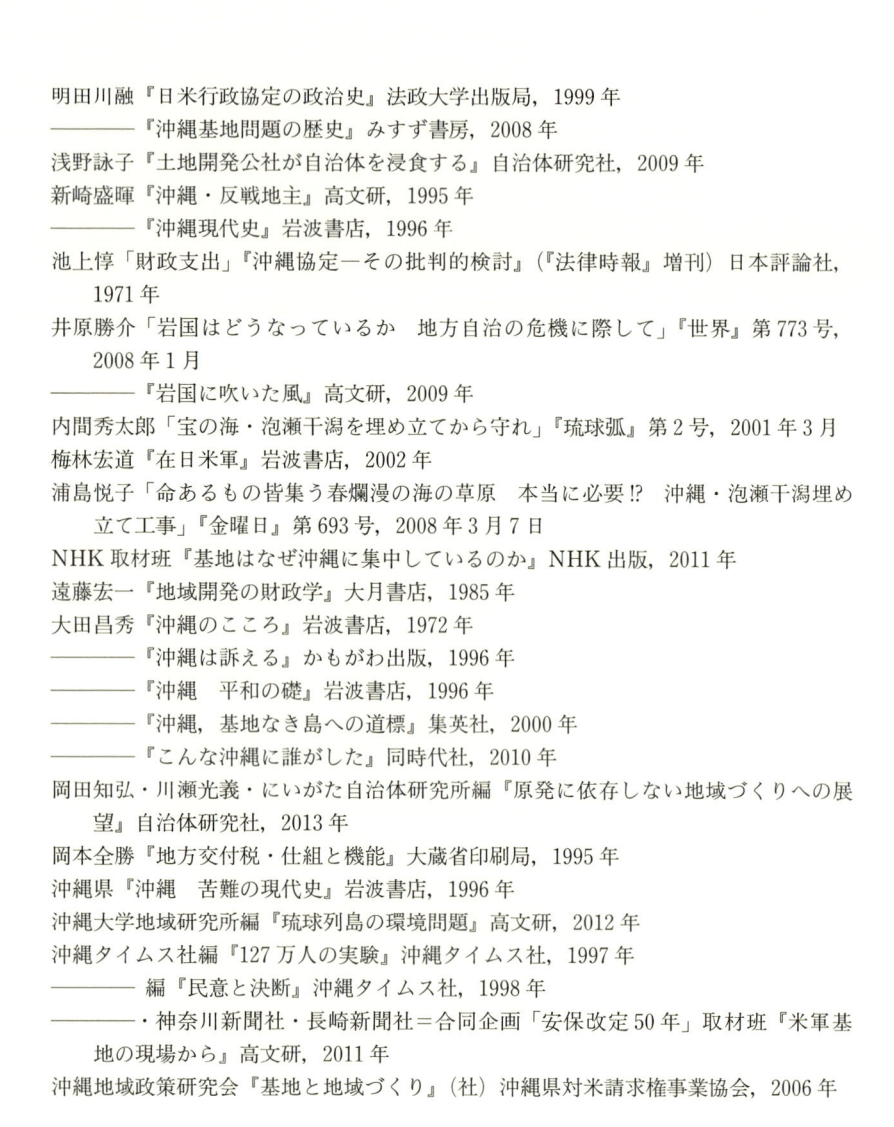

明田川融『日米行政協定の政治史』法政大学出版局，1999 年
────『沖縄基地問題の歴史』みすず書房，2008 年
浅野詠子『土地開発公社が自治体を浸食する』自治体研究社，2009 年
新崎盛暉『沖縄・反戦地主』高文研，1995 年
────『沖縄現代史』岩波書店，1996 年
池上惇「財政支出」『沖縄協定―その批判的検討』(『法律時報』増刊) 日本評論社，1971 年
井原勝介「岩国はどうなっているか　地方自治の危機に際して」『世界』第 773 号，2008 年 1 月
────『岩国に吹いた風』高文研，2009 年
内間秀太郎「宝の海・泡瀬干潟を埋め立てから守れ」『琉球弧』第 2 号，2001 年 3 月
梅林宏道『在日米軍』岩波書店，2002 年
浦島悦子「命あるもの皆集う春爛漫の海の草原　本当に必要!?　沖縄・泡瀬干潟埋め立て工事」『金曜日』第 693 号，2008 年 3 月 7 日
NHK 取材班『基地はなぜ沖縄に集中しているのか』NHK 出版，2011 年
遠藤宏一『地域開発の財政学』大月書店，1985 年
大田昌秀『沖縄のこころ』岩波書店，1972 年
────『沖縄は訴える』かもがわ出版，1996 年
────『沖縄　平和の礎』岩波書店，1996 年
────『沖縄，基地なき島への道標』集英社，2000 年
────『こんな沖縄に誰がした』同時代社，2010 年
岡田知弘・川瀬光義・にいがた自治体研究所編『原発に依存しない地域づくりへの展望』自治体研究社，2013 年
岡本全勝『地方交付税・仕組と機能』大蔵省印刷局，1995 年
沖縄県『沖縄　苦難の現代史』岩波書店，1996 年
沖縄大学地域研究所編『琉球列島の環境問題』高文研，2012 年
沖縄タイムス社編『127 万人の実験』沖縄タイムス社，1997 年
────編『民意と決断』沖縄タイムス社，1998 年
────・神奈川新聞社・長崎新聞社＝合同企画「安保改定 50 年」取材班『米軍基地の現場から』高文研，2011 年
沖縄地域政策研究会『基地と地域づくり』(社) 沖縄県対米請求権事業協会，2006 年

参考文献

勝方＝稲福恵子，前嵩西一馬編『沖縄学入門』昭和堂，2010 年
加藤真『日本の渚』岩波書店，1999 年
金子勝・大澤真幸『見たくない思想的現実を見る』岩波書店，2002 年
ガバン・マコーマック，乗松聡子『沖縄の〈怒〉―日米への抵抗』法律文化社，2013 年
我部政明『戦後日米関係と安全保障』吉川弘文館，2007 年
鎌田慧『六ヶ所村の記録―核燃料サイクル基地の素顔』岩波書店，1991 年
―――・斉藤光政『ルポ下北核半島―原発と基地と人々』岩波書店，2011 年
軽部謙介『沖縄経済処分―密約とドル回収』岩波書店，2012 年
川瀬光義『幻想の自治体財政改革』日本経済評論社，2007 年
河音琢郎「安全保障と軍事費」植田和弘・新岡智編『国際財政論』有斐閣，2010 年
久場政彦『戦後沖縄経済の軌跡』ひるぎ社，1995 年
来間泰男『沖縄経済論批判』日本経済評論社，1990 年
―――『沖縄経済の幻想と現実』日本経済評論社，1998 年
―――『沖縄の米軍基地と軍用地料』榕樹書林，2012 年
高文研編『沖縄は基地を拒絶する』高文研，2005 年
斉藤光政『在日米軍最前線』新人物往来社，2010 年
坂井昭夫『軍拡経済の構図』有斐閣，1984 年
桜井国俊「新たな琉球処分としての日米グアム協定」『世界』第 793 号，2009 年 7 月
佐藤昌一郎『地方自治体と軍事基地』新日本出版社，1981 年
島恭彦『現代の国家と財政の理論』三一書房，1960 年（『島恭彦著作集第 5 巻』に所収）
―――『軍事費』岩波書店，1966 年（『島恭彦著作集第 5 巻』に所収）
―――・池上惇「戦後資本主義と軍事経済」小椋廣勝・島恭彦編『戦争と経済』雄渾社，1968 年
清水修二『差別としての原子力』リベルタ出版，1994 年
―――『NIMBY シンドローム考』東京新聞，1999 年
―――『原発になお地域の未来を託せるか』自治体研究社，2011 年
―――『原発とは結局なんだったのか』東京新聞，2012 年
週間金曜日編『岩国は負けない』金曜日，2008 年
―――『基地を持つ自治体の闘い』金曜日，2008 年
ジュゴン保護キャンペーンセンター編『ジュゴンの海と沖縄』高文研，2002 年
新嘉手納基地爆音差止訴訟原告団『5540 新嘉手納基地爆音差止訴訟記念誌』2011 年
神野直彦『財政学（改訂版）』有斐閣，2007 年
杉野圀明・岩田勝雄編『現代沖縄経済論』法律文化社，1990 年
鈴木滋「米軍海外基地・施設の整備と費用負担―米国及び同盟国・受入国による負担分担の枠組みと実態」『レファレンス』第 57 巻第 1 号，2007 年 1 月
鷲見友好「軍事費」林栄夫・柴田徳衛・高橋誠・宮本憲一編『現代財政学体系 2 現代

日本の財政』有斐閣, 1972 年
関満博編『沖縄地域産業の未来』新評論, 2012 年
平良好利『戦後沖縄と米軍基地』法政大学出版局, 2012 年
高野孟『沖縄に海兵隊はいらない！』にんげん出版, 2012 年
高橋哲哉『犠牲のシステム　福島・沖縄』集英社, 2012 年
地井昭夫「沖縄振興のもう一つの視点」『朝日新聞』1997 年 9 月 17 日付
地方財務協会編『地方税制の現状とその運営の実態』地方財務協会, 2003 年
(財)電源地域振興センター『電源三法交付金制度による地域振興等のより効果的な推進のための施策改善調査報告書』2002 年 3 月
徳間書店出版局編『この国はどこで間違えたのか—沖縄と福島から見えた日本』徳間書店, 2012 年
富川盛武編『沖縄の発展とソフトパワー』沖縄タイムス社, 2009 年
友知政樹「在沖米軍人等の施設・区域外居住に関する一考察」沖縄国際大学『経済論集』第 5 巻 1 号, 2009 年 3 月
―――――「在沖米軍人等の施設・区域外居住に関する一考察 (2)」沖縄国際大学『経済論集』第 6 巻 2 号, 2010 年 3 月
中島琢磨『高度成長と沖縄返還』吉川弘文館, 2012 年
―――――『沖縄返還と日米安保体制』有斐閣, 2012 年
仲地博「軍事基地と自治体財政」日本財政法学会編『地方自治と財務会計制度』学陽書房, 1988 年
―――――「沖縄基地関連財源と市町村財政」浦田賢治編『沖縄米軍基地法の現在』一粒社, 2000 年
仲村清司『本音の沖縄問題』講談社, 2012 年
名護市民投票報告集刊行委員会編『市民投票報告集　名護市民燃ゆ〜新たな基地はいらない〜』海上ヘリ基地建設反対・平和と名護市政民主化を求める協議会, 1999 年
新岡智『戦後アメリカ政府と経済変動』日本経済評論社, 2003 年
西谷修「接合と剥離の四〇年」『世界』第 831 号, 2012 年 6 月
―――――編『〈復帰〉40 年の沖縄と日本—自立の鉱脈を掘る』せりか書房, 2012 年
西山太吉『沖縄密約—「情報犯罪」と日米同盟』岩波書店, 2007 年
―――――『機密を開示せよ—裁かれる沖縄密約』岩波書店, 2010 年
林公則『軍事環境問題の政治経済学』日本経済評論社, 2011 年
林博文『米軍基地の歴史』吉川弘文館, 2012 年
福丸馨一『沖縄の財政問題と地方自治』鹿児島県立短期大学地域研究所, 1977 年
藤原書店編集部編『「沖縄問題」とな何か』藤原書店, 2011 年
普天間基地移設 10 年史出版委員会編『普天間飛行場代替施設問題 10 年史　決断』北部地域振興協議会, 2008 年
舩橋晴俊・長谷川公一・飯島伸子『核燃料サイクル施設の社会学—青森県六ヶ所

村―』有斐閣，2012 年
本間浩『在日米軍地位協定』日本評論社，1996 年
前泊博盛「40 年にわたる政府の沖縄振興は何をもたらしたか」『世界』第 831 号，2012 年 6 月
――――『沖縄と米軍基地』角川書店，2011 年
――――『本当は憲法より大切な「日米地位協定入門」』創元社，2013 年
牧野浩隆『再考沖縄経済』沖縄タイムス社，1996 年
――――『バランスある解決を求めて―沖縄振興と基地問題―』文進印刷，2010 年
真喜屋美樹「返還軍用地の内発的利用」西川潤・本浜秀彦・松島泰勝編『島嶼沖縄の内発的発展』藤原書店，2010 年
松島泰勝『沖縄島嶼経済史』藤原書店，2002 年
――――『琉球の「自治」』藤原書店，2006 年
――――『琉球独立への道』法律文化社，2012 年
孫崎享『戦後史の正体』創元社，2012 年
前田哲男『在日米軍基地の収支決算』筑摩書房，2000 年
――――『フクシマと沖縄』高文研，2012 年
――――・林博史・我部政明編『〈沖縄〉基地問題を知る事典』吉川弘文館，2013 年
増田壽男・今松英悦・小田清編『なぜ巨大開発は破綻したか』日本経済評論社，2006 年
宮城康博『沖縄ラプソディ』御茶ノ水書房，2008 年
宮里政玄・新崎盛暉・我部政明編『沖縄「自立」への道を求めて』高文研，2009 年
宮本憲一『地域開発はこれでよいか』岩波書店，1973 年
――――編『開発と自治の展望・沖縄』筑摩書房，1979 年
――――・佐々木雅幸編『沖縄 21 世紀への挑戦』岩波書店，2000 年
――――・川瀬光義編『沖縄論 平和・環境・自治の島へ―』岩波書店，2010 年
――――・西谷修・遠藤誠治編『普天間基地問題から何が見えてきたか』岩波書店，2010 年
守屋武昌「「日本の戦後」を終わらせたかった」『世界』第 801 号，2010 年 2 月
――――『「普天間」交渉秘録』新潮社，2010 年
山田文比古「沖縄「問題」の深淵」『世界』第 831 号，2012 年 6 月
山本英治・高橋明善・蓮見音彦編『沖縄の都市と農村』東京大学出版会，1995 年
山本英治『沖縄と日本国家 国家を照射する〈地域〉』東京大学出版会，2004 年
山本節子『土地開発公社』築地書館，1999 年
屋良朝博『砂上の同盟 米軍再編が明かすウソ』沖縄タイムス社，2009 年
――――『誤解だらけの沖縄・米軍基地』旬報社，2012 年
吉岡幹夫「基地対策と法―防衛施設周辺生活環境整備法の構造と本質―」静岡大学法経短期大学『法経論集』第 36・37 号，1976 年 3 月
琉球銀行調査部編『戦後沖縄経済史』1984 年

琉球新報経済部編『ものづくりの邦―地場産業力』琉球新報社，2011 年
琉球新報社・地位協定取材班『検証「地位協定」 日米不平等の源流』高文研，2004 年
琉球新報社編『外務省機密文書 日米地位協定の考え方・増補版』高文研，2004 年
―――― 編『呪縛の行方―普天間移設と民主主義―』琉球新報社，2012 年
―――― 編『ひずみの構造 基地と沖縄経済』琉球新報社，2012 年
渡辺豪『「アメとムチ」の構図―普天間移設の内幕』沖縄タイムス社，2008 年
――――『国策のまちおこし―嘉手納からの報告』凱風社，2009 年

朝雲新聞社編集局編『防衛ハンドブック』朝雲新聞社，各年
沖縄県『第 3 次沖縄振興開発計画総点検報告書』2000 年
――――『沖縄振興計画等総点検報告書』2010 年
――――『沖縄 21 世紀ビジョン基本計画 (沖縄振興計画 2012〜21 年度)』2012 年
沖縄県企画部市町村課『地方交付税算定状況』各年
――――『沖縄県市町村概要』各年
――――『市町村行財政概況』各年
沖縄県企画部『経済情勢』各年
――――統計課『市町村民所得』各年
沖縄県知事公室基地対策課『沖縄の米軍基地』2008 年
――――『沖縄の米軍及び自衛隊基地 (統計資料集)』各年
――――『駐留軍跡地利用に伴う経済及効果等検討調査報告書』2007 年 3 月
宜野座村『村政五〇周年記念誌』1996 年
経済産業省資源エネルギー庁『電源立地制度の概要』各年
地方財務研究会編『地方税関係資料ハンドブック』地方財務協会，各年
嘉手納町『嘉手納町と基地』2010 年
内閣府『沖縄米軍基地所在市町村活性化特別事業に係る実績調査報告書』2008 年
内閣府沖縄総合事務局『沖縄県経済の概況』各年
防衛省編『日本の防衛―防衛白書―』各年
防衛施設庁史編さん委員会編『防衛施設庁史』防衛施設庁，2007 年
『補助金総覧』日本電算企画，各年

Adam Smith, *An Inquiry into The Nature and Causes of The Wealth of Nations*（山岡洋一訳『国富論』日本経済新聞社，2007 年）
Emma Chanlett-Avery & Ian E. Rinehart, *The U.S. Military Presence in Okinawa and the Futenma Base Controversy*, Congressional Research Service, August 3, 2012
Gavan McCormack, *Client State: Japan in the American Embrace*, Verso, 2007（新田準訳『属国―米国の抱擁とアジアでの孤立』凱風社，2008 年）

参考文献

――― and Satoko Oka Norimatsu, *Resistant Ilands: Okinawa Confronts Japan and the United States*, Rowman & Littlefield Publishers, 2012

Kent E. Calder, *Embattled Garrisons: Comparative Base Politics and American Globalism*, Princeton University Press, 2007 (武井楊一訳『米軍再編の政治経済学―駐留米軍と海外基地のゆくえ―』日本経済新聞社, 2008年)

Masamichi S. Inoue, *Okinawa and the U.S. Military: Identity Making in the Age of Globalization*, Columbia University Press, 2007

Michael J. Sandel, *What Money Can't Buy*, Allen Lane, 2012 (鬼澤忍訳『それをお金で買いますか』早川書房, 2012年)

Miyume Tanji, *Myth, Protest and Struggle in Okinawa*, Routledge, 2006

U.S. Department of Defence, *Base Structure Report, FY 2009 Baseline*

Unite States Government Accountability Office, *Defense Management: Comprehensive Cost Information and Analysis of Alternatives Needed to Assess Military Posture in Asia*, May 25, 2011

―――, *Military Buildup on Guam : Costs and Challenges in Meeting Construction Timelines*, June 27, 2011

U.S. Senate Committee on Armed Services, *Inquiry into U.S. Costs and Allied Contributions to Support the U.S. Military Presence Overseas*, April 17 2013

국무총리실 용산공원건립추진단 『주한미군재배치사업 백서』 2007

한국지방행정연구원 『주한미군 반환기지를 활용한 지역 성장동력 제고방안』 행정자치부, 2010

初出一覧

　本書は，既発表論文にもとづいて加筆修正を行った章と，新たに書き下ろした章からなっている．以下に既発表論文の初出一覧を示しておく．

序章　書き下ろし
第1章　「米軍基地維持財政支出膨張の構造」『立命館経済学』第59巻第6号，2011年3月
第2章　書き下ろし
第3章　書き下ろし
第4章　「再編交付金にみる基地維持政策の変質」『行財政研究』第70号，2008年5月，「米軍再編交付金にみる基地をめぐる政府間財政関係」『都市問題』第101巻第11号，2010年11月
第5章　書き下ろし
第6章　「基地維持財政政策の変貌と帰結」宮本憲一・川瀬光義編『沖縄論―平和・環境・自治の島へ―』岩波書店，2010年
第7章　書き下ろし
第8章　「泡瀬干潟埋立事業と沖縄市財政」『京都府立大学学術報告　公共政策』第1号，2009年12月
終章　書き下ろし

索引

[ア行]

赤池町（福岡県）　203
厚木飛行場（基地）　21, 33, 99, 127
奄美群島振興開発特別措置法　172
泡瀬通信施設　196, 198
泡瀬干潟　174, 188, 198
伊江村　102
硫黄島　33
五十嵐敬喜　200
池上惇　29, 35, 212
移設先及び周辺地域振興協議会　98
移転の補償　28, 77
糸満市　174
稲嶺恵一　98
岩国市　82, 112-113, 115, 213
岩国飛行場　21, 49, 97, 99
ウィキリークス　40
内灘　74
浦添市　189
うるささ指数（WECPNL）　77, 126-127
うるま市　168, 174, 190
大浦湾　99
大田昌秀　50, 95, 106
沖縄開発庁　106, 162-163, 170, 196
沖縄県北部地域の振興に関する方針　98, 104
沖縄市　55, 68, 83, 102, 189-193
沖縄振興
　──公共投資交付金　177, 214
　──自主戦略交付金　176
　──特別交付金　178-179
　──特別推進交付金　180, 214
　──特別措置法（新沖振法）　166-167
　改正──特別措置法　177-180
　──開発特別措置法（旧沖振法）　9, 160-163, 194
　──計画　167-168, 178
　──開発計画　128, 129, 138, 161-162, 163
　──開発事業　105, 171
沖縄政策協議会　104, 180, 215
沖縄における公用地等の暫定使用に関する法律（公用地法）　6, 49
沖縄に関する特別行動委員会（SACO）　3, 97, 102
沖縄21世紀ビジョン基本計画（沖縄振興計画2012年度～21年度）　69, 181
沖縄米軍基地所在市町村活性化特別事業　⇒島田懇談会事業
沖縄返還協定　6, 29, 47
沖縄問題についての内閣総理大臣談話　180
沖縄やんばる訴訟　201
オスプレイ　6, 53
汚染原因者負担原則　26
オポチュニティ・ロス（機会損失）　65
御前崎市　83-85
思いやり予算　1, 19, 29-35, 58, 211-212, 216
　広義の──　36-41
小禄金城地区　65
恩納村　83

[カ行]

海兵隊　39-40, 49, 55-57, 99
外務省機密文書　30-32
乖離率　125
格差是正　129-130, 170
核燃料サイクル　110, 213
核燃料税　84
合併特例債　215
嘉手納町　55, 68, 83, 102, 123-128, 139, 145
嘉手納爆音訴訟　127-128
嘉手納飛行場（基地）　37, 55, 65, 97, 99, 124, 125-127, 190

金丸信　29
上瀬谷通信施設　21
カルダー（Kent E. Calder）　2, 17, 18, 35
環境影響評価（アセスメント）　194, 198
間接雇用　35
関東平野空軍施設整理統合計画（関東計画）
　　51, 80, 212
機会費用　65, 67
岸信介　27
喜多自然　187
北村誠吾　39
基地依存経済　47, 160
基地外居住　68-69
基地関係収入　82-87, 116, 129, 140
基地交付金　28, 75, 83-86, 116, 129
基地従業員　34-35, 58-59
基地周辺対策経費　1
基地対策等の推進　1-4, 10, 17
基地返還跡地利用　182
基地補正　4, 101, 129, 146
宜野座村　83-85, 88
宜野湾市　55, 62, 68, 124, 139, 145
逆格差論　137-138
キャンプ桑江　99
キャンプ・シュワブ　97, 98, 99, 139
キャンプ瑞慶覧　49, 99
キャンプ・ハンセン　113, 139
行政区　87-88
行政財産　28
許田（名護市）　88
拠点開発方式　163, 170, 172, 214
金武町　55, 83, 113
グアム　99, 100, 216
　　――移転協定　38-41, 212
久志（名護市）　88, 139
（旧）久志村　137, 139, 140
国頭村　55, 139
久場政彦　65
軍関係受取　58-63, 160
軍用地料　27, 59-62, 76, 84-85, 87-89, 116,
　　125, 140
訓練移転費　30, 34
経常一般財源比率　83

原子力発電所　5, 6, 57, 116
県道104号線越え実弾砲兵射撃訓練　33, 36,
　　97, 103
航空機騒音規制措置　127
光熱水料　30, 33
公有水面埋立法　194
高率補助　105, 162, 167, 171-174, 178, 214
国際協力銀行　100
国防総省　22, 35, 57
国有財産法　27
国有資産等所在市町村交付金　85
国有提供施設等所在市町村助成交付金（助成
　　交付金）　74-75, 86
固定資産税償却資産分　84

[サ行]

財産（運用）収入　83, 85, 129, 140
再生産外的消費　57
在日米軍駐留経費　1, 30-35, 215
再編関連振興特別地域　115
再編の実施のための日米ロードマップ　99-
　　100, 140
坂井昭夫　11
桜井国俊　188
佐世保海軍施設　21
佐藤昌一郎　11
佐藤栄作　51
座間市　112
サンデル（Michael J. Sandel）　216
サンフランシスコ講和条約　4, 19, 48
三位一体改革　175, 178
資源エネルギー庁　86
施設等所在市町村調整交付金（調整交付金）
　　75-76, 86
市町村内純生産　148
市町村民所得の分配　148
島田懇談会事業　4, 101-103, 116, 129, 132-
　　133, 140, 142-143, 145, 179-180
島田晴雄　101, 103
島袋純　106
島恭彦　10
清水修二　110
社会資本整備総合交付金　176

索引

自由貿易地域　162, 168
銃剣とブルドーザー　54
住宅防音工事の助成　28, 77
住民訴訟　189, 198-206
住民投票　8, 146, 154
職務執行命令訴訟　50
障害防止工事の助成　28, 77, 116, 129
少女乱暴事件　4, 95, 180, 212
新全国総合開発計画　160, 163, 175
数久田（名護市）　88
逗子市　8
砂川　74
砂辺（北谷町）　68
スミス（Adam Smith）　9, 57, 63
鷲見友好　10
接受国支援 Host Nation Support　30
属国　35, 211

[タ行]

代理署名　50, 95
高江（東村）　53
田代一正　80, 82
地井昭夫　137
地域差別　4
地域自主戦略交付金　176
地域（経済）振興　4, 5, 107, 111, 213
地域振興補助金　146
地域総合整備事業債　215
地籍明確化法　50
地方財政法　189, 200
地方自治法　189, 200
地方分権一括法　8, 50-51
北谷町　55, 67, 68, 83
駐留軍等の再編の円滑な実施に関する特別措置法　⇒米軍再編特措法
駐留軍用地跡地利用に係る方針　104
駐留軍用地特別措置法　8, 49, 50
提供施設整備　30, 33, 34, 38
提供普通財産借上試算　27
出来高払い　110, 114, 213
デシベル　68, 125
寺崎太郎　24
電源開発促進税　87

電源三法　6, 86, 213
――交付金　86, 96, 107-111, 116, 213
東部海浜開発事業　188, 205
特定防衛施設周辺整備交付金（9条交付金）
　6, 28, 79-82, 86, 96, 114-115, 129-130, 179-180, 212
特別協定　32-34, 212
特別自由貿易地域　168-169, 194
特別調整費　99, 180
友知政樹　205
豊原（名護市）　140, 146
豊見城市　174
土地開発公社　196, 203

[ナ行]

内閣府沖縄総合事務局　105, 194-196
内閣府沖縄担当部局　171, 177
長坂強　80
中城湾港新港地区　194
仲地博　83
名護市　55, 83, 87, 112-113, 115, 137-142, 213
那覇港湾施設（軍港）　52, 99
那覇市　57, 67, 189
那覇新都心地区　66-67
西山太吉　11, 29
日米安全保障協議委員会（SCC）　51, 52, 97, 99
日米安全保障条約　1, 19, 24, 76
日米行政協定　24
日米地位協定　21, 215
　――第3条　27
　――第4条　24
　――第5条　24-25
　――第12条　35
　――第13条　25, 74
　――第18条　25, 128
　――第24条　26-29, 211
日米同盟：未来のための変革と再編　99
日本弁護士連合会　188
ネオパーク国際保存研究センター　145
根本武夫　77, 79

[ハ行]

鳩山由紀夫　5
浜岡原子力発電所　83
反戦地主　49, 59
ハンビー飛行場　65
非核兵器ならびに沖縄米軍基地縮小に関する決議　47
東村　55, 139
平澤（ピョンテク）（韓国）　23
二見以北10区（名護市）　145-146
普通財産　28
普天間飛行場（基地）　51-52, 55, 62, 65, 68, 95, 97, 99-100, 212
　　──移設先及び周辺地域の振興に関する方針　98, 104
　　──の移設にかかる政府方針　98, 104
普天間爆音訴訟　68
プルサーマル　110, 213
分収制度　87-89, 140
米軍再編　4, 99-100
　　──交付金　37, 112-116, 150-153, 180, 213, 216
米軍再編特措法　100, 111-116, 216
　　──第5条　112
返還道路整備事業費補助金　82
防衛関係費　1, 116
防衛施設周辺の生活環境等の整備に関する法律（環境整備法）　6, 28, 76-82, 126, 212
防衛施設周辺の整備等に関する法律（周辺整備法）　76, 78
防衛施設庁　17, 51
北部訓練場　52
北部振興協議会　98
北部振興事業　99, 104, 116, 143-144, 147, 179, 180
補償型政治　2, 17, 18
ボンド（契約履行保証）制　64

[マ行]

前田哲男　11, 27
前原誠司　204
牧港住宅地区　65
牧港補給基地　99
マコーマック（Gavan McCormack）　35, 211
まちづくり交付金　175-176
マリンシティー泡瀬　195
三沢飛行場　21, 22
民生安定施設の助成（8条補助金）　28, 77-78, 81, 129
名桜大学　141, 144-145
メイモスカラー射撃訓練場　65
迷惑施設　83, 147
本部町　124-125
守屋武昌　80, 115, 147

[ヤ行]

屋我地（名護市）　139
山田文比古　181
山中貞則　160
屋良（嘉手納町）　68, 125-127
横須賀海軍施設　21, 22
横田飛行場（基地）　21, 22, 51, 80, 127
与那城村　174
読谷村　55, 125
龍山基地（ヨンサン）（韓国）　23

[ラ・ワ行]

ラムサール条約　188
離島振興法　161, 172
琉球新報社　30, 34
労務費　30, 32, 33
渡辺豪　102

[欧文]

MOX燃料　110
NLP（night landing practice　夜間離着陸訓練）　33
SACO交付金　37, 98, 104, 114, 116, 144, 147
SACO報告（合意）　36, 52, 96-98, 100, 103
SACO補助金　37, 98, 104, 116, 144-146

著者紹介

川瀬　光義
かわせ　みつよし

京都府立大学公共政策学部教授．1955年大阪市生まれ．1986年京都大学大学院経済学研究科博士後期課程指導認定，87年同上退学．埼玉大学等を経て2008年4月より現職．京都大学博士（経済学）．
主著
『台湾の土地政策―平均地権の研究―』青木書店，1992年
　　（東京市政調査会藤田賞受賞）
『台湾・韓国の地方財政』日本経済評論社，1996年
『幻想の自治体財政改革』日本経済評論社，2007年
『沖縄論―平和・環境・自治の島へ―』（共編著）岩波書店，2010年
『原発に依存しない地域づくりへの展望』（共編著）自治体研究社，2013年

基地維持政策と財政

2013年9月25日　第1刷発行

定価（本体3800円＋税）

著　者　　川　瀬　光　義
発行者　　栗　原　哲　也
発行所　　株式会社 日本経済評論社

〒101-0051　東京都千代田区神田神保町3-2
　　　　　電話 03-3230-1661／FAX 03-3265-2993
　　　　　E-mail: info8188@nikkeihyo.co.jp
　　　　　振替 00130-3-157198

装丁＊渡辺美知子　　　　太平印刷社／高地製本

落丁本・乱丁本はお取替いたします　Printed in Japan
Ⓒ KAWASE Mitsuyoshi 2013
ISBN978-4-8188-2287-0

・本書の複製権・翻訳権・上映権・譲渡権・公衆送信権（送信可能化権を含む）は，㈳日本経済評論社が保有します．
・ JCOPY 〈㈳出版者著作権管理機構　委託出版物〉
本書の無断複写は著作権法上での例外を除き禁じられています．複写される場合は，そのつど事前に，㈳出版者著作権管理機構（電話 03-3513-6969，FAX 03-3513-6979，e-mail: info@jcopy.or.jp）の許諾を得てください．

幻想の自治体財政改革
　　　　　　　　　　　川瀬光義　本体3200円

軍事環境問題の政治経済学
　　　　　　　　　　　林公則　本体4400円

経済学にとって公共性とはなにか
　　　　　　　　　　　小坂直人　本体3000円

水と森の財政学
　　　　　　　　諸富徹・沼尾波子編　本体3800円

アメリカの財政民主主義
　　　　　　　　　　　渡瀬義男　本体3600円

アメリカの分権的財政システム
　　　　　　　　　　　加藤美穂子　本体3600円

日本経済評論社